제인구달

MY LIFE WITH THE CHIMPANZEES

by Jane Goodall

Copyright ⓒ 1988 by Byron Preiss Visual Publication, Inc..
Text Copyright ⓒ 1988 by Jane Goodall
Photographs of the Goodall Familly ⓒ 1988 by Jane Goodall
All rights reserved.

Korean Translation Copyright ⓒ 1996, 2005 by ScienceBooks Co., Ltd.

This Korean Edition is published by arrangement with Byron Preiss Visual Publication, Inc., New York through KCC.

이 책의 한국어판 저작권은 KCC를 통해 Byron Preiss Visual Publication, Inc.와
독점 계약한 (주)사이언스북스에 있습니다.
저작권법에 의해 한국 내에서 보호를 받는 저작물이므로
무단 전재와 무단 복제를 금합니다.

제인 구달

침팬지와 함께한 나의 인생

제인 구달 · 박순영 옮김

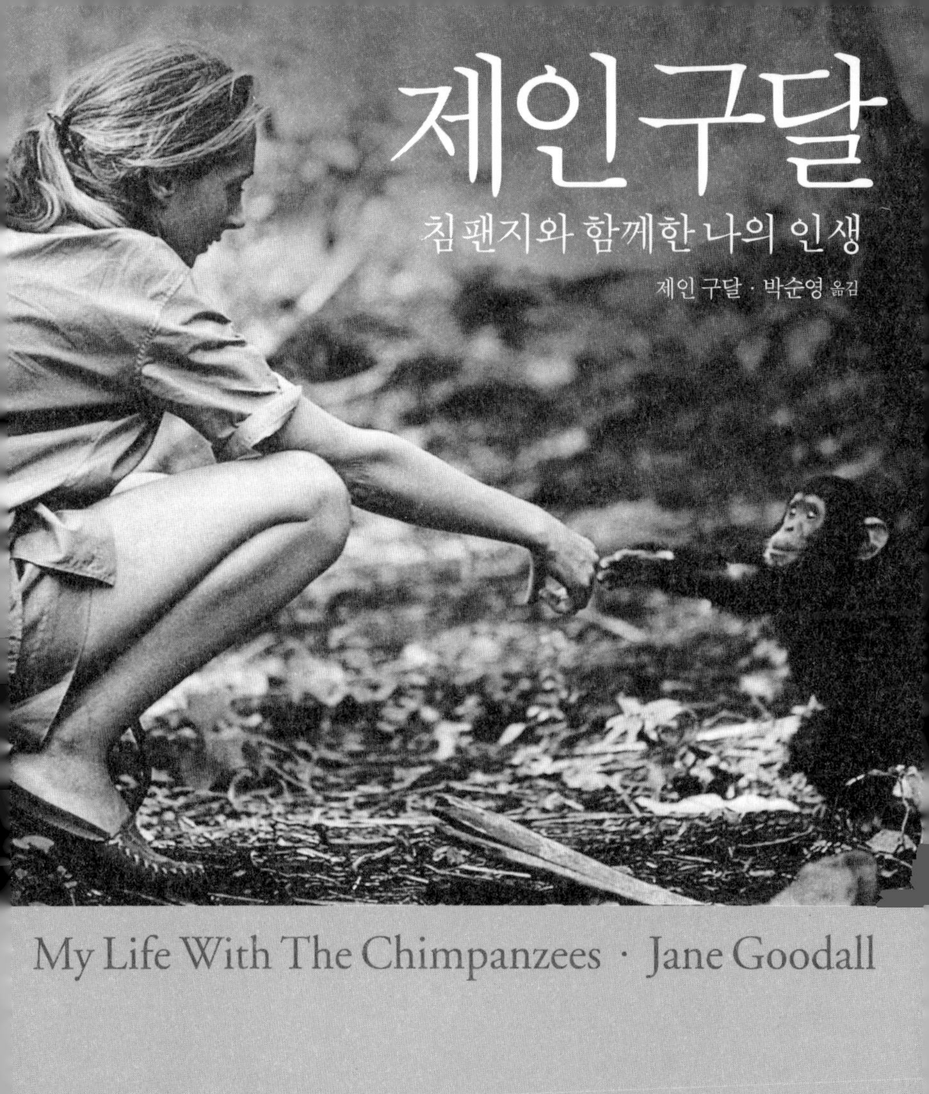

My Life With The Chimpanzees · Jane Goodall

사이언스
SCIENCE BOOKS 북스

한국의 독자들에게

 이 책은 한국의 어린이들이 경험하는 것과는 몹시 다른 세계, 다른 문화적 배경 속에서 성장한 한 어린이의 삶에 관해 얘기하고 있다. 그럼에도 불구하고 나는 이 책의 메시지가 전 세계 모든 젊은이들의 마음에 전달되기를 바란다.
 조그만 아이였을 때부터 나는 동물을 사랑했다. 여덟 살이 되었을 때 이미 나는 커서 야생의 동물들과 함께 살며, 그들에 대해서 배우고, 내가 배운 것을 책으로 쓰기를 원했다.

그것이 나의 꿈이었다. 이 작은 책에서 나는 내가 어떻게 그 꿈을 이루었는지에 대해서 썼다.

내게는 젊은이들에게 전하고 싶은 메시지가 두 가지 있다. 그중 하나는 내가 어렸을 때 나의 어머니께서 가르쳐 주신 것이다. 사람들은 나의 꿈이 무모한 것이라고 여겼다. 그들은 젊은 여자가 집을 떠나 멀리 야생 동물을 관찰하러 간다는 것은 있을 수 없는 일이며(그 시절에는 사실 그랬다.), 우리 집이 부자도 아니지 않느냐고 말하곤 했다. 그럴 때면 어머니는 "네가 진실로 그것을 간절히 원하고, 열심히 노력하며, 기회를 붙잡는다면, 그리고 무엇보다도 절대로 네 꿈을 포기하지 않는다면, 네게 길이 있을 거야." 하고 말씀해 주셨다. 이것이 바로 이 책을 읽는 모든 젊은이들에게 내가 전하고 싶은 첫 번째 메시지이다. 여러분은 여러분의 꿈을 이룰 길을 찾을 수 있다.

나의 두 번째 메시지는 우리 인간들은 너무도 오만하다는 것이다. 우리들은 지구상에서 인간만이 합리적으로 사고하고, 기쁨이나 슬픔과 같은 감정을 느끼며, 정신적·육체적 행복과 고통을 경험하는 존재라고 생각한다. 그러나 그것은 사실이 아니다. 복잡한 두뇌 구조를 가진 동물은 고등한 지적 능력이 있으며, 우리와 비슷한 감정을 느낀다는 것이 나의 침팬지 연구를 포함한 여러 과학적 연구들에 의해 밝혀졌다. 동물들도 각자의 개성이 있는 것이다.

동물들을 관찰하고 그들을 알게 됨으로써 전 세계의 젊은 이들이 살아 있는 모든 것들을 존중하는 것을 배우게 된다. 그것을 통해 이해와 동정심과 사랑을 깨닫기 때문이다.

이 책을 통해 한국의 어린이들과 만날 수 있게 되어 몹시 기쁘다. 나는 한국이 오래고 자랑스러운 전통을 지닌 근대적 사회라는 사실을 알고 있다. 또한 한국인의 교육열은 세계적으로 잘 알려져 있다. 이 책의 개정판*에는 "루츠와 슈츠" 프로그램에 관한 장이 추가되었다. 이 프로그램은 우리의 미래를 위하여 너무도 중요한 것이다. "루츠와 슈츠" 프로그램은 1991년 탄자니아의 다르에스살라암에서 시작되어 이제는 세계 20여 개 나라로 퍼져 나갔다. 나는 이 책을 계기로 한국도 여기에 참여하게 되기를 바란다. 어린이와 환경이야말로 바로 우리의 미래니까.

제인 구달

---

*이 한국어 판은 개정판을 번역한 것이다.

옮긴이 서문

처음 이 책의 번역을 의뢰받았을 때, 세계적 영장류학자인 제인 구달의 학문적 업적을 한국에 소개하는 것도 좋은 일이라고 생각했다. 그러나 번역을 하면서 나는 학문적 업적보다는 한 아름다운 인간의 성공한 삶에 대한 이야기를 알게 되었고, 또 주변에 알릴 수 있게 되어서 더욱 기뻤다.

성공한 삶이란 어떤 것일까? 아마 모르긴 해도 내게 다시 기회가 주어진다면 살고 싶은 삶, 아니면 내 자식이라도 그렇게 살았으면 하는 삶일 게다. 사람마다 그 구체적인 모습이 다르겠지만 적어도 내게는 제인 구달의 삶이 바로 성공한 삶의 전형적인 예로 보인다.

제인 구달은 어렸을 때부터 동물들을 좋아했고 그들에 대해 알고 싶어 했다. 야생 동물 연구라는 것이 세속적인 성공과는 거리가 먼 그 시절에(하기야 지금도 마찬가지지만) 부잣집 자식도 아니면서 그 꿈을 이룬다는 것이 너무도 현실성이 없어 보였을 게다. 더구나 남자도 아닌 여자가 말이다. 그러나 그녀는 결국 자신의 꿈을 이루어 아프리카에서 야생 동물을 연구할 수 있었고, 자신의 학문적 업적으로 세계적 명성을 얻었다.

하지만 내가 그녀의 삶을 성공이라고 보는 이유는 그녀가 자기 분야에서 세속적 성공을 거두었기 때문이 아니다. 그녀는 자신의 일을 무엇 무엇이 되어 유명해지기 위해서나 주변 사람들에게서 인정을 받기 위해서가 아니라 진정 그 일을 사랑했기 때문에 했다. 그래서 나는 그녀가 세속적인 성공을 거두지 못했더라도 행복한 삶을 살았으리라고 확신한다.

또한 그녀는 아름다운 인간이다. 그녀가 일생을 통해 주위 사람들과 동물들에게 보여 준 친절함과 동정심 때문이다. 그녀는 학문적 성공을 거둔 뒤에도 자기 일신의 안일을 위해 안주하지 않았다. 그녀는 야생 동물을 연구하면서 아프리카의 환경이 급속도로 파괴되어 가고 인간과 동물 모두 비참한 처지에 빠진 것을 목격했다. 그녀는 결코 문제가 너무 엄청나서 혼자 힘으로는 어쩔 수 없다고 포기하지 않았다. 대신에 그녀는 상황을 개선시키기 위해 자신이 할 수 있는 일에 최선을 다했다. 그래서 일흔이 넘은 지금도 세상을 보다 나은 곳으로 만들기 위해 동분서주하고 있는 것이다.

나는 우리의 청소년들도 성공적인 삶을 살 수 있기를 바란다. 세속적인 잣대로 자신을 평가하지 않는 배짱을 가지고, 자기 장단에 맞춰 춤추며 살면서도, 친절하고 따뜻한 마음씨를 잃지 않고, 세상을 보다 살 만한 곳으로 만들기 위해 자신이 할 수 있는 작은 일이라도 하는 그런 삶 말이다. 바로 제인 구달이 그랬듯이…….

2005년 7월
박순영

차례

한국의 독자들에게	5
옮긴이 서문	9
동물행동학과 나	15
동물을 좋아한 소녀	25
기회를 기다리며	45
아프리카로	55
기다림의 나날들	75
침팬지의 숲으로	85
아프리카 대자연에서	109
플로와 그 가족들	127
동물을 사랑하는 사람들에게	145
사라져 가는 침팬지들	165
미래의 희망	183
야생 침팬지 연구의 선구자, 제인 구달	207
사진 저작권	222

동물행동학과 나

내가 웅크리고 앉아 있던 곳은 몹시 후덥지근했다. 지푸라기가 내 다리를 간지럽히고 있었다. 그곳은 어두컴컴했지만 나는 어두운 가운데서도, 짚으로 만든 둥지 위에 앉아 있는 닭을 볼 수 있었다. 닭은 닭장 건너편, 나에게서 1.5미터 정도 떨어진 곳에 있었다. 닭은 내가 그곳에 있는 것을 전혀 눈치 채지 못하고 있었다. 만약 내가 움직인다면 모든 것을 그르치고 말 것이었다. 그래서 나는 움직이지 않고 가만히 있었다. 닭도 가만히 있었다.

곧, 닭은 매우 천천히 짚더미에서 몸을 일으켰다. 나에게 등을 보인 채 몸을 앞으로 숙이고 있었다. 닭의 다리 사이로 둥글고 하얀 물체가 서서히 튀어나왔고, 그것은 점점 커졌다. 갑자기 닭이 가볍게 몸을 흔들었고, 그 물체가 "퐁." 하고 짚 위에 떨어졌다. 닭이 알을 낳는 것을 실제로 목격한 것이다.

닭은 기쁜 듯 큰소리로 꼭꼭거리며, 깃털을 털고 부리로 달걀을 움직인 후 자랑스럽게 닭장에서 걸어 나갔다.

나도 구르듯이 닭장에서 나왔다. 몸은 뻣뻣했지만, 흥분해 있었다. 나는 신이 나서 집까지 한걸음에 달려갔다. 어머니는 그때 막 경찰에 신고를 하실 참이었다. 몇 시간씩 날 찾아 헤매셨던 것이다. 어머니는 내가 그 오랜 시간 동안 닭장 안에 웅크리고 있었다는 사실을 전혀 모르고 계셨다.

그것이 내가 진지하게 동물의 행동을 관찰한 최초의 경험이었다. 그때 나는 다섯 살이었다. 나에게 그렇게 이해심 많은 어머니가 계셨다는 것이 얼마나 큰 행운이었는지! 어머니는 내가 어머니를 놀라게 했다고 화내시는 대신, 내가 방금 목격한 놀라운 사건에 대해 모든 것을 알고 싶어 하셨다.

나는 그때 매우 어렸지만, 그 사건에 대해서는 지금도 꽤 많은 것을 기억하고 있다. 나는 궁금했다. 도대체 달걀이 나올 만한 큰 구멍이 닭의 어디에 있는 것일까? 누군가에게 그것을 물어보았는지는 기억나지 않는데, 물어보았어도 아무도 대답해 주지 않았던 것 같다. 그래서 나는 직접 알아보기로 결심했다. 나는 닭 한 마리가 닭장에 들어가는 것을 보며 '아, 이제 쫓아가서 무슨 일이 벌어지나 봐야지.' 라고 생각했던 기억이 난다. 하지만 내가 닭을 쫓아 닭장에 비집고 들어가자, 닭은 놀라서 꼬꼬댁거리며 뛰쳐나가 버렸다. 그런 방법은 통하지 않을 것임이 분명했다. 나는 닭장에 먼저 들어가 닭이 들어와 달걀을 낳을 때까지 기다려야겠다고 생각했다. 그래서 닭장에 그렇게 오랫동안 있었던 것이다. 동물에 대해 알고 싶다면 참을성이 많아야 한다.

나는 커서 동물행동학자가 되었다. 동물행동학자란 동물의 행동을 연구하는 과학자를 말한다. 대부분의 사람들은 동물 하면 개, 고양이, 토끼, 쥐, 말 또는 소와 같이 털이 난 짐승을 떠올린다. 하지만, 사실 동물은 식물이 아닌 모든 생물을 뜻한다. 해파리, 곤충, 개구리, 도마뱀, 물고기, 새도 고양이나 개와 마찬가지로 동물이다. 고양이, 개, 말 등은 특별한 종류의 동물인 포유류에 속한다. 사람도 마찬가지로 포유류에 속한다.

아마 이쯤은 누구나 알 것이다. 요즈음 어린이들은 내가 어렸을 때의 대부분의 어른들보다 동물들에 대해 훨씬 많이 알고 있다. 한번은 친척 아주머니에게 고래가 물고기가 아니고 포유류라고 믿게 하려다가 크게 말다툼을 한 적이 있었다. 아주머니는 내 말을 믿지 않았고, 난 그만 울어 버렸다. 그땐 너무도 답답했었다.

최초의 동물행동학자로 알려진 사람은 콘라트 로렌츠(Konrad Lorenz)란 오스트리아 인으로, 그는 동물행동학의 아버지로도 불린다. 그는 동물이라면 뭐든지 다 좋아했다. 그는 빈에 있는 자기 집에서 애완견뿐 아니라 각종 야생 동물과 함께 지냈다. 그는 대부분의 동물들이 마음대로 집에 드나들수 있도록 풀어 놓고 키웠다.

콘라트 로렌츠는 회색기러기에 대한 연구로 가장 유명하다. 그는 1935년부터 회색기러기를 키우고 연구하기 시작했다. 그는 이제 여든 살이 넘었지만, 아직도 가끔 회색기러기들을 관찰한다.(이 책이 처음 나온 해가 1988년이었는데 바로 그 다음 해인 1989년에 로렌츠는 유명을 달리하였다. | 옮긴이)

로렌츠는 다 자란 기러기가 배우자에게 몹시 충실하다는 사실을 발견했다. 그들은 사랑에 빠지고, 짝을 짓고, 어느 한쪽이 죽을 때까지 함께 지낸다. 한 마리가 죽어도, 남아 있는 기러기는 다시 짝을 짓지 않는다. 대신 어미 기러기가 그때까지 살아 있으면 어미 기러기에게로 돌아간다.

콘라트 로렌츠는 알에서 처음 나왔을 때부터 키웠던 많은 기러기 새끼들에게 "어미" 노릇을 했다. 이들 기러기 새끼들은 다 자라고 나면 그의 품을 떠나 야생 기러기 떼와 함께 날아갔다. 그러나 그들이 짝을 잃고 나면 로렌츠에게 다시 돌아왔다.

로렌츠는 알에서 방금 깬 기러기 새끼는 처음 본 움직이는 물체를 따른다는 사실을 발견했다. 대부분의 경우 이 물체는 어미 기러기였다. 그러나 로렌츠가 새끼 기러기들을 돌보자, 새끼 기러기들은 대신 그를 따랐다! 그는 또 청둥오리 알을 부화시켜 보고, 청둥오리 새끼들은 그의 뒤를 따르지 않는다는 사실을 발견했다. 그러나 집오리가 청둥오리 알을 부화시키면 청둥오리 새끼들은 즉시 집오리 뒤를 따랐다. 집오리의 어떤 행동이 로렌츠와 달랐을까? 집오리는 꽥꽥거렸다. 그리고 집오리의 꽥꽥거리는 소리는 청둥오리의 꽥꽥거리는 소리와 똑같았다. '아! 이것이 바로 열쇠로군!' 하고 로렌츠는 생각했다.

그러나 과학자들은 항상 실험으로 가설을 확인해 봐야 한다. 그래서 다음 오리 새끼들이 부화하자, 로렌츠는 몸을 구부리고 꽥꽥거리며 서서히 오리 새끼들로부터 물러났다. 그러자 오리 새끼들은 그의 뒤를 따랐다. 하지만 오리 새끼들을 데리고 산책하는 것은 매우 피곤한 일이었다. 만일 그가 똑바로 몸을 일으켜서 오리 새끼들 보다 훨씬 높이 솟아 있거나, 잠시라도 꽥꽥 소리를 멈추면, 오리 새끼들은 그를 뒤따르는 것을 멈추고 큰 소리로 울어 댔다.

어느 날 오리 새끼들을 데리고 산책하던 로렌츠는 무엇 때문엔가 위를 올려다보게 되었다. 목초지를 에워싼 높은 담 너머로 마을 사람들이 그의 모습을 훔쳐보고 있었다. 그들은 로렌츠 교수가 혼자 꽥꽥거리면서 이상한 몸짓으로 땅을 기어가는 모습을 보고 깜짝 놀라 지켜보고 있었다. 풀이 길게 자라 있었기 때문에 새끼 오리들의 모습이 보이지 않았던 것이다! 마을 사람들이 그를 미쳤다고 여긴 것도 당연한 일이었다!

동물행동학자들은 동물들이 어떤 방법으로 생활하는지, 그리고 왜 그런 식으로 행동하는지에 대해 관심을 가진다. 그들은 항상 질문을 던진다. 개는 잠자리에 들기 전에 왜 빙빙 원을 그리며 도는 것일까, 수컷 나방은 몇 킬로미터나 떨어져 있는 암컷을 어떻게 찾는 것일까 등등.

어떤 동물행동학자들은 특정 동물에 초점을 맞추고 계속 질문을 던진다. 카를 폰 프리슈(Karl von Frisch)란 독일 학자는 꿀벌에 빠져 들었다. 꿀을 모은 후 벌집에 돌아온 일벌은 어떤 방법으로 다른 일벌들에게 길을 알려 줄까? 다른 일벌들은 첫 번째 일벌이 길 안내를 하지 않아도 꿀이 있는 곳을 찾아낸다. 프리슈는 돌아온 벌이 멋진 "엉덩이 춤"을 추어 동료들에게 정확히 어디로 가야 할지를 알린다는 것을 발견했다. 꿀벌은 다리, 날개, 꼬리로 신호를 보낸다. 프리슈는 또한 꿀벌이

오리와 함께 있는 콘라트 로렌츠.

꽃의 아름다운 색을 볼 수 있는지 알고 싶었다. 꿀벌의 후각은 어느 정도 발달이 되어 있을까? 그는 답을 찾으면 찾을수록 더 많은 질문을 던졌다.

어떤 동물행동학자들은 철새의 이동과 같은 특정 행동에 대해 관심을 가진다. 통통하고 맛있는 곤충이 잡아먹히지 않기 위해 독이 있는 곤충을 흉내 내는 것이나, 쥐나 생쥐가 음식을 땅에 묻는 행동 등을 연구하기도 한다. 모든 동물행동학자들은 어떻게, 왜, 무엇 때문에 등의 질문을 던진다.

동물행동학자들은 여러 가지 다양한 방법으로 연구를 한다. 앞서 이야기했듯이, 로렌츠는 관찰하고 싶은 동물들을 집으로 데리고 갔다. 그래서 그의 부인은 오랫동안 많은 골칫거리를 견뎌 내야만 했다.

저명한 동물행동학자인 니코 틴버겐(Nikolaas Tinbergen)은 동물이 살고 있는 장소에서 실험을 했다. 틴버겐은 여러 종류의 갈매기에 대한 연구로 유명하다. 틴버겐은 갈매기들이 알을 낳는 울퉁불퉁한 돌투성이 언덕이나 절벽으로 가곤 했다. 그는 그저 갈매기들을 지켜보면서 시간을 보내고, 그들의 여러 가지 행동들을 기록했다. 그리고 실험도 했다. 그는 매우 놀라운 사실들을 발견했다. 예를 들면, 어떤 갈매기들은 커다란 알을 보면 매우 흥분한다는 것이다. 틴버겐이 커다란 가짜 알을 재갈매기나 검은머리물떼새의 둥지 부근에 놓아두자, 새들은 자신의 알을 버리고 필사적으로 가짜 알을 품으려고 했다.

어떤 동물행동학자들은 그들이 연구하고자 하는 동물이 사는 장소로 찾아가지만, 실험을 하지는 않는다. 그들은 그냥 동물을 관찰하고, 무슨 일이 벌어지는가 지켜보며, 보고 듣는 것을 기록한다. 그것이 바로 내가 하는 일이다. 나는 1960년부터 탄자니아(내가 연구를 시작할 당시에는 탕가니카였다.)에서 침팬지와 함께 살며, 침팬지를 연구하기 시작했다. 나는 요즘도 탄자니아 인 직원들과 함께 침팬지들을 연구하고 있다.

침팬지를 자세히 관찰할 수 있을 만큼 가까이 다가가기까지는 오랜 시간이 걸렸다. 침팬지들은 처음에는 매우 조심스러워 했다. 침팬지의 외침과 몸짓, 그들의 사회생활을 이해하기까진 더욱 오랜 시간이 걸렸다. 그러나 그 일은 그럴 만한 가치가 있었다. 왜냐하면 침팬지는 인간 다음으로 세상에서 가장 매혹적인 동물이기 때문이다. 적어도 나는 그렇다고 생각한다.

아마도 여러분은 내가 어떻게 침팬지 연구를 시작하게 되었는지 궁금할 것이다. 지금부터 그 이야기를 하려고 한다.

동물을 좋아한 소녀

나는 1934년 4월 3일 런던에서 태어났다. 그러나 내 부모님은 얼마 안 있어 런던 시를 조금 벗어난 곳으로 이사하셨다. 우리는 그곳에서 내가 무척 좋아하던 유모와, 페기란 이름의 불테리어 종 개와 함께 살았다.

    아버지는 런던에 직장을 둔 엔지니어였다. 아버지의 취미는 자동차 경주였다. 그는 애스턴 마틴이라는 매우 비싸고 멋진 차를 몰고 다니셨다. 아버지는 가끔 나를 차에 태우고 드라

◐ 두 살 때의 나.
◐ 어머니, 아버지,
여동생 주디와 함께.

이브를 하셨지만, 그것에 대한 기억은 별로 남아 있지 않다.

내가 다섯 살, 여동생 주디가 한 살이 되었을 때 우리는 모두 프랑스로 이사했다. 부모님은 우리가 프랑스 어를 유창하게 하면서 자라길 바라셨지만, 배울 겨를이 없었다. 몇 개월 안 되어 히틀러가 제2차 세계 대전을 일으켰기 때문이다. 더 이상 프랑스에서 사는 것은 안전하지 않았다. 런던 시 외곽에 있던 우리 집이 이미 팔렸기 때문에, 우리는 아버지가 어린 시절을 보낸 아름다운 저택에 잠시 지내러 갔다.

저택은 외딴 시골에 있었고, 옆에는 커다란 농장이 있었다. 저택에 딸린 땅에는 폭군 헨리 8세가 자신의 여러 왕비들 중 한 명을 가두어 두었던 고성의 폐허가 있었다. 나는 그 폐허를 기억한다. 으스스하고 침침한 데다 부서진 돌과 거미줄투성이였다. 지붕의 일부가 남아 있던 한 방에는 박쥐가 살았다.

저택 자체도 매우 오래된 건물이었다. 건물의 끝에서 끝까지 걷다 보면, 어떤 곳에서는 한두 계단을 내려가야 했고 어떤 곳에서는 약한 경사를 올라가야 했다. 각기 다른 시기에 건물의 각 부분이 지어졌기 때문이었다. 저택은 회색의 화산암으로 지어져 있었으며, 여름에는 선선했지만 겨울에는 매우 추웠다. 중앙 난방은 없었다. 당시 영국에는 중앙 난방이 되는 곳이 거의 없었다. 전기가 없어서 매일 저녁 석유등을 켰기 때문에, 항상 석유 냄새가 약하게 풍기고 있었다. 50년이 지난 지금도, 석유등의 냄새만 맡으면 그 저택을 떠올리게 된다.

난 친할머니를 대니 너트라고 불렀다. 대니 할머니는 거위를 매우 좋아하셔서, 집 근처의 잔디밭에는 항상 여섯 마리 이상의 거위가 풀을 뜯고 있었다. 그리고 닭을 키우는 매우 커다란 울타리가 있었다. 울타리 안에는 내가 숨어 있었던 것과 같은 닭장이 다섯 개 있었다. 나는 닭에게 모이를 주고 달걀을 모으는 것을 돕곤 했다. 달걀을 찾는 것은 마치 부활절 달걀 찾기 놀이와 비슷했다. 닭은 닭장보다는 수풀 속에 달걀을 즐겨 낳곤 했기 때문이다.

근처의 들판에는 소가 있었다. 당시에는 손으로 우유를 짰다. 나는 소가 평온하게 되새김질하는 동안 젖 짜는 아가씨가 양동이에 하얀 우유를 짜내는 모습을 지켜보는 것이 무척 좋았다. 들판에는 농장의 커다란 말이 풀을 뜯고 있었고, 망아지와 함께 자주 풀밭에 나와 있는 경주용 암말도 있었다. 렉스 삼촌은 경주용 말을 사육하셨다. 삼촌은 경주용 말을 키우는 작은 마구간을 가지고 계셨고, 저택으로부터 6.4킬로미터 정도 떨어진 곳에서 자그마한 경마장을 운영하셨다. 난 두 살쯤 되었을 때 경주용 말을 타 본 적이 있다. 그 말의 이름은 페인스테이커였다. 렉스 삼촌은 고삐 하나를 살짝 잡아당겨서 말을 왼쪽이나 오른쪽으로 가게 하는 법을 가르쳐 주셨다. 나는 혼자서 작은 마을의 중심가를 따라 심어져 있는 가로수 사이사이로 말을 몰고 갈 수 있었다. 단지 내가 무척 자랑스러워 했다는 것만 기억이 난다.

영국이 독일에게 선전 포고를 하자마자, 아버지는 히틀러에 대항해 싸우기 위해 군에 입대하셨다. 얼마 안 있어 유모가 결혼해서 남편과 함께 살림을 차려 나갔다. 어머니, 주디, 그리고 나는 버치스에서 대니 외할머니와 살게 되었다. 버치스는 아름다운 붉은 벽돌집으로, 커다란 뜰이 딸려 있었다. 뜰은 높은 울타리로 둘러싸여 있어서 바깥 세상으로부터 격리되어 있었다. 버치스는 영국 남부 해안에 있는 번머스에 있었다. 영불 해협까지 걸어서 몇 분 걸리지 않는 곳이었다. 나는 그곳에서 이후의 어린 시절과 사춘기를 보냈다.

우리는 버치스에서 올웬 이모(애칭이 올리였다.), 오드리 이모와 함께 살았다. 런던의 큰 병원에서 선임 외과 의사로 일하시던 이모부는 주말마다 집으로 돌아오셨다. 전쟁 중 개인 주택을 가진 가정들은 모두, 할 수만 있다면 당분간 집이 없는 사람들을 재워 주라는 부탁을 받았다. 그래서 우리는 두 명의 미혼 여성을 집에 묵게 해 주었다.

미국이 영국에 합세하여 히틀러와 나치에 대항해 싸우게 되자, 미국군들은(우리는 그들을 양키라고 불렀다.) 프랑스, 네덜란드, 그리고 벨기에에 있는 전선으로 가는 도중 영국에 들렀다. 일부 미국군 부대는 우리 집 근처에 주둔해 있었다. 그들의 탱크와 트럭 여러 대가 조용하고 작은 도로변에 세워져 있었다. 군인들은 우리에게 사탕과 과자를 주었다. 당시 영국에는 음식이 별로 없었다. 우리는 모든 음식을 배급받아야만 했다. 한 사람당 달걀 한 개와 사탕 60그램, 약간의 우유를 받을 수 있었다. 어른들은 보통 어린이들에게 그들이 배급받은 사탕, 우유, 그리고 달걀을 거의 다 주었다. 음식뿐 아니라 다른 모든 것들도 배급표가 있어야만 했다. 의복 배급표, 석유 배급표, 술 배급표도 있었다. 물품이 모자랐기 때문에 배급표가 있어도 물건을 구하지 못하는 경우가 많았다. 모든 물품은 나라를 지키고 있는 육군, 공군, 그리고 해군들에게 우선적으로 공급되었다.

번머스에도 심하진 않았지만 폭격이 가해졌다. 우리는 집에 방공호를 설치했다. 방공호는 쇠로 된 지붕이 달린 낮은 방이었는데, 때때로 공습 경보가 울리면 온 가족이 방공호에 기어 들어가 해제 신호가 울릴 때까지 기다리곤 했다.

그러나 우리 어린이들은 전쟁 때문에 큰 영향을 받지는 않았다. 전쟁이 처음 일어났을 때에는 우리는 너무 어려서 무슨 일이 일어나고 있는지 이해하지 못했고, 전쟁이 끝날 무렵에는 이미 전투, 패배, 그리고 승전 소식에 익숙해져 있었다.

전쟁이 벌어지고 있는 동안 나는 유치원, 중학교, 고등학교를 거쳤다. 나는 학교 다니는 것을 별로 좋아하지 않았다.

○ 버치스.
○ 나와 유모, 그리고 주디.

공부가 싫은 것은 아니었고, 매우 좋아하는 과목도 있었다. 그러나 매일 아침 집을 떠나야 한다는 것이 싫었고, 바깥에 나가고 싶은 데도 실내에서 시간을 보내야 한다는 것이 싫었다. 나는 매일 수업을 마치고 가족들이 있는 집으로 돌아가는 때를 기다렸다. 나는 말을 탈 수 있는 주말을 고대했다. 그리고 무엇보다도 방학을 기다렸다. 방학이 되면 한동안 학교 일과와 학교의 규제로부터 벗어날 수 있기 때문이었다. 나는 학교에 가는 날이면 아침에 일어나기 싫어해서, 어머니가 몇 번씩이나 불러야 깨곤 했다. 그러나 주말이나 방학 때는 달랐다. 항상 일찍 일어났다. 적어도 날씨가 좋을 때는 일찍 일어나서, 소나무와 가시금작화 덤불이 있는 벼랑이나 해변에 가곤 했다.

　나는 정원에서 많은 시간을 보냈다. 우리 집 정원은 커다랗고 별로 다듬어지지도 않았다. 정원에는 내가 무척 좋아하는 너도밤나무가 있었다. 내가 그 나무를 매우 좋아한다는 것을 알고 대니 할머니는 나의 열 번째 생일 선물로 그 나무를 주셨다. 나만의 나무! 나는 기분이 좋을 때 높은 나뭇가지에 기어올랐다. 거기에 앉아서 새들을 지켜보거나 새소리를 듣곤 했으며 때로는 숙제를 가지고 올라가기도 했다. 슬플 때도 나무 위에 올라갔다. 혼자 슬퍼할 수 있기 때문이었다. 나는 슬플 때 책을 읽었다. 어머니가 가르쳐 주신 방법이었다. 어머니는 책을 읽으면 적어도 잠시 동안은 문젯거리에 대해 잊을 수 있다고 말씀하셨다. 책을 읽고 난 후에는 문제가 대단치 않게 느껴질 것이라는 말씀이었다. 나는 요즘도 그 방법을 쓴다.

겨울이 오면, 나는 벽난로 앞에 웅크리고 앉아 책을 읽는 것을 매우 좋아했다. 우리 집은 항상 책으로 가득 차 있었다. 어머니가 어렸을 때 읽었던 책들도 많았다. 우리는 새 책을 많이 살 만한 여유는 없었지만, 동네 도서관의 회원이었다. 어느 주말, 어머니는 도서관에서 휴 로프팅(Hugh Lofting)이 쓴 『둘리틀 박사 이야기』를 빌려다 주셨다. 나는 그 책을 다 읽고 다시 한 번 읽었다. 그만큼 좋아했던 책이 없었다. 책을 돌려주기 전까지 세 번을 읽었다. 어머니가 불을 끈 다음에도, 이불 밑에서 손전등을 켜고 책을 끝까지 읽었다. 그때가 11월이었다. 그리고 나는 대니 할머니가 그 책을 크리스마스 선물로 준 일을 잊을 수 없을 것이다. 나는 그때 일곱 살이었다. 언젠가 아프리카로 가겠다고 처음으로 마음을 먹었던 때가 바로 그때였던 것 같다.

나는 아프리카에 사는 동물뿐 아니라, 각종 동물들에 대한 책을 손에 잡히는 대로 읽었다. 북아메리카와 캐나다에 사는 늑대, 곰, 오소리, 남아메리카에 사는 재규어, 아나콘다, 그리고 나무늘보, 아시아에 사는 오랑우탄, 인도 산 코끼리, 맥에 관한 이야기를 즐겨 읽었다. 나는 러디어드 키플링(Joseph

Rudyard Kipling)의 『정글북』에 나오는 모글리 이야기를 무척 좋아했고, 에드가 라이스 버로스(Edgar Rice Burroughs)의 『타잔』을 특히 좋아했다. 나는 타잔 영화는 별로 좋아하지 않았다. 내가 상상하던 타잔은 그 어떤 배우보다 훨씬 멋졌으니까.

이 모든 동물들은 아주 멋지게 보였지만, 나는 직접 가서 볼 방법이 없다는 것을 알고 있었다. 적어도 그때는 그랬다. 내가 사는 동네 근처에는 동물원조차 없었다. 그리고 나는 우리에 갇힌 동물이 아닌 야생 동물을 관찰하고 싶었다. 그래서 머나먼 곳에 사는 동물에 대한 책을 읽었을 뿐 아니라, 다람쥐, 새, 각종 곤충 등 집 주위의 야생 동물들을 관찰했다. 나는 동생과 방학 때마다 우리 집에 와 있던 캐리네 자매를 모아 자연 관찰 클럽을 만들었다. 샐리는 나와 동갑이었고, 수는 내 동생 주디와 동갑이었다. 나는 그 클럽(우리 클럽의 이름은 악어 클럽이었다.)의 회장이었다. 내 별명으로는 멋쟁이 나비를 골랐다. 샐리는 바다오리였고, 수는 딱정벌레, 주디는 송어였다.

우리는 수풀로 둘러싸인 정원의 후미진 곳에 캠프를 세웠다. 자그마한 모닥불을 지피고 돌에 걸친 깡통에 물을 끓였다. 우리는 오래된 트렁크 속에 네 개의 컵, 약간의 차와 코코아 가루, 숟가락을 넣어 두었다. 우리는 가끔 식사 시간에 먹지 않고 아껴 두었던 음식을 가지고 파티를 벌였다. 전쟁 중이었기 때문에, 빵 조각 몇 개와 가끔 과자 한 개 정도가 전부였지만, 파티는 무척 재미있었다. 특히 한밤중에 정원으로 몰래 나가는 것은 무척 재미있었다. 한밤중의 모험을 즐긴 이유는 무시무시했기 때문이기도 했지만, 무엇보다도 그것이 금지된 일이었기 때문이었다!

우리는 자주 산책하면서 자연을 관찰했으며, 본 것을 기록했다. 적어도 나는 그렇게 했다. 집에는 우리가 발견한 여러 곤충이나 새 이름을 찾아볼 수 있는 책들이 항상 있었다.

우리는 각자 껍데기에 숫자를 칠한 "경주용" 달팽이를 가지고 있었다. 우리는 달팽이를 바닥이 없는 낡은 나무 상자 속에 넣어 유리판으로 덮어 두고 키웠다. 달팽이가 나무 상자 속에서 자라는 풀을 다 먹고 나면, 상자를 정원의 다른 장소로 옮기면 되었다. 우리는 달팽이들에게 양상추 잎사귀 등 맛있는 간식을 주기도 했다. 우리는 달팽이들을 한 줄로 세우고, 어느 달팽이가 1.8미터짜리 트랙의 결승선에 먼저 도착하는지에 대해 내기를 하곤 했다. 우리는 달팽이가 똑바로 가도록 풀잎을 사용했는데, 부드러운 풀잎만 사용할 수 있었고 달팽이 뿔의 옆 부분만 건드릴 수 있었다. 눈이 달린 민감한 끝 부분은 건드리면 안 되었다.

어느 여름 방학, 우리는 온실에 박물관을 만들었다. 우리는 납작하게 눌러 말린 꽃이나 조개 껍데기 등의 수집품을 갖고 있었다. 그중에는 번머스 해변가에서 찾은 조개 껍데기뿐 아니라, 탐험을 많이 하신 나의 증조 할아버지가 오스트레일리아 등지에서 모으신 희귀한 조개 껍데기도 있었다. 우리는 모든 전시물에 자세한 이름표를 붙여 놓았다. 에릭 아저씨는 의대생이었을 때 쓰던 사람 해골을 우리에게 주셨다. 그것이 우리가 가장 아끼던 전시물이었다.

샐리와 나는 주디와 수(우리는 이 아이들을 "꼬마들"이라고 불렀다.)를 거리로 내보내 지나가는 사람들에게 박물관을 구경하러 오라는 부탁을 하도록 시켰다. 사람들이 구경을 하고 나면, 우리는 늙은 말들을 보호하기 위한 협회에 기부금을 내 달라고 부탁했다. 도살장에서 구출된 말은 체리트리 농장에서 풀을 뜯으며 살 수 있었다.

방학이 끝나서 캐리네 자매가 집으로 돌아가고 나면, 나는 악어 클럽 회보를 만들곤 했다. 회보는 자연 관찰 기록, 곤충 해부도와 그 밖의 것들로 가득 차 있었다. 다른 회원들도 회보에 글이나 그림을 싣고, 의견을 밝히거나 제안을 하도록 되어 있었지만, 그런 경우는 거의 없었다.

학기 중에는 매주 토요일, 그리고 방학에는 적어도 일주일에 두 번, 나는 시골에 있는 승마 학교에 갔다. 우리는 매주 승마 교습비를 낼 만한 돈이 없었지만 그래도 상관없었다. 나는 말과 조랑말 옆에 있으면서 말들을 보살펴 주는 것을 배우는 것이 좋았다. 승마 학교에서 별로 즐겁지 않았던 유일한 일은 끊임없이 마구(즉 안장과 고삐)를 닦는 것이었다. 나는 갈 때마다 마구를 물로 씻고 안장용 세제로 문질러야만 했다. 마구간 주인이었던 미스 부시는 마구를 닦는 것에 대해서 매우 엄격해서, 아무리 일이 많고 힘든 날이어도 우리는 반드시 마구를 닦아야만 했다.

제일 기뻤던 것은 여름 방학 동안 미스 부시의 조수인 푸시에게 초대받아 함께 지내게 되었을 때였다. 우리는 날이 밝기 전에 일어나 따뜻한 부엌에 내려가곤 했다. 부엌에선 푸시의 어머니(그분은 스코틀랜드 출신으로 편안한 분이셨다.)가 벌써 아침 식사 준비를 하고 계셨다. 우리는 뜨거운 차를 마시면서 다이제스티브 비스킷을 우적우적 먹었다. 그리고 새벽 햇살을 받으며 밖으로 나가, 밤새 풀을 뜯고 있던 조랑말을 들판에서 붙잡았다. 우리는 안장도 놓지 않고 굴레만 씌운 채로 말을 타고 마구간으로 몰고 갔다. 나는 가끔 한 번에 다섯 마리씩 이끌고 간 적도 있다. 양 옆에 한 마리씩 그리고 뒤에 두 마리를 긴 밧줄에 매달아 끌고 갔다. 그러고 나서는 말털을 손질하고, 짚을 한 무더기씩 주고, 그날의 첫 승마를 위해 마구를 준비하곤 했다.

시간이 지나자 나는 손님의 말타기를 도와주는 일을 맡게 되었다. 나는 그런 식으로 공짜 승마를 많이 즐길 수 있었다. 그리고 열네 살이 되었을 때, 나는 푸시의 말인 퀸스를 타고 말 품평회에 참가하곤 했다. 그런 날이면 나는 평상시보다 더 일찍 일어나서, 퀸스의 털에 윤이 흐를 때까지 빗질하고, 갈기와 꼬리를 땋고, 발굽에 기름을 칠하고, 말을 트레일러에 싣고 함께 여행할 수 있었다. 내겐 그 모든 것이 너무도 가슴 떨리는 일이었다. 상을 받아 본 적은 없지만 가끔 뛰어넘기에서 3등이나 4등을 했다. 경기에 나가는 것은 언제나 신나는 일이었다.

한번은 여우 사냥을 나갔다. 이전에 나는 여우 사냥이 실제로 어떤 것인지 생각해 본 적이 없었다. 높은 장애물을 뛰어넘는 즐거움, 말을 가장 잘 타는 사람들과 보조를 맞추려 할 때 느끼는 도전감, 사냥용 나팔의 스릴 넘치는 소리 등을 상상해 보기만 했을 따름이다. 여우의 처지에 대해선 생각해 보지 못했다.

나는 끝까지 사냥꾼들과 함께 남아 있었다. 그래서 나는 사냥꾼들이 여우를 여우 굴에서 끌어내는 것을 보았다. 여우는 이제야 드디어 안전한 곳을 찾았다고 생각했을 텐데. 그리고 사냥꾼들이 지친 여우를 사냥개들에게 물어 뜯기게끔 던져 버리는 것을 지켜보았다. 그것을 보고 나는 속이 메스꺼워졌다. 사냥의 흥분은 사라져 버렸다. 이후 나는 다시는 사냥을 나가지 않았다.

어린 시절을 생각할 때면, 무엇보다 러스티 생각이 난다.

내 삶에 있어 러스티와 같은 개는 다시는 없을 것이다. 러스티는 우리 개도 아니었다. 러스티는 집 근처에 있는 호텔에 살았다. 나는 사탕 가게 주인 아주머니를 대신해서 그녀의 빼어나게 아름다운 콜리 종 개인 "버들레이"를 산책시키다가 러스티를 만났다. 나는 주인 아주머니가 버들레이에게 충분한 운동을 시킬 수 없다는 것을 알았기 때문에, 거의 매일 버들레이와 함께 해변가로 달렸다. 러스티는 우리를 쫓아오기 시작했다.

나는 "버즈"(버들레이의 애칭)에게 몇 개의 재주를(예를 들면 앉아서 먹을 것을 구걸하는 것, 내가 "됐어."라고 할 때까지 과자를 코에 놓고 앉아 있는 것 등) 가르치려고 했다. 내가 "됐어." 하면 "버즈"는 코를 아래로 내려 떨어지는 과자를 받아먹었다. 나는 러스티에게 아무것도 가르치려고 해 본 적이 없다. 그런데 하루는 내가 버즈에게 악수하는 법을 가르치려고 하고 있는데, 러스티가 갑자기 발을 앞으로 내밀었다. 물론 나는 그를 많이 칭찬해 주었다. 그 전에는 러스티를 영리하다고 생각해 본 적이 없었다. 그러나 그 후부터 나는 러스티를 가르치기 시작했다. 그는 세 번 만에 과자를 코에 올리는 재주를 배웠다. 그러나 내가 "됐어." 하면 그는 코를 아래로 내리는 대신에, 머리를 약간 위로 쳐들어 과자를 공중으로 던졌다. 그리고 떨어지는 과자를 받아먹었다.

러스티는 내가 가르치는 것이면 무엇이든지 배웠다. 그는 명령하면 누워서 죽은 시늉을 했고 내가 10분 이상씩 보이지 않아도 그대로 기다리곤 했다. 나는 그가 높은 작업용 사다리에도 기어오를 수 있다는 사실을 발견했다. 처음에는 내가 사다리를 타고 올라갈 때 내 뒤를 따라오는 것을 보았으나 그 후 러스티는 내가 시키면 나 없이도 올라갔다. 그는 무엇이든 뛰어넘을 수 있었다. 심지어는 둥근 테 사이를 넘기도 했다. 나는 그가 잘못해도 절대로 벌주지 않았다. 그러나 잘했을 때는 많이 칭찬해 주었다. 그에겐 그러한 칭찬이 충분한 보상이 되었다. 나는 상으로 그에게 먹을 것을 준 적이 거의 없다. 실제로 나는 그에게 먹을 것이라고는 준 적이 별로 없다. 그는 여전히 호텔에서 잠을 자긴 했지만 매일 아침 6시 30분쯤 풀려나자마자 우리 집 대문에 와서 짖어 댔다. 그는 저녁을 먹으러 총총 달려갔다가 우리에게 돌아와서, 잠잘 때까지 함께 시간을 보냈다. 우리는 주인에게 그것이 언짢으냐고 물었지만, 그들은 전혀 상관이 없다고 했다.

러스티는 대부분의 개들과 다른 점이 하나 있었다. 그는 옷을 입혀 주는 것을 매우 좋아했다. 대부분의 개들은 옷을 입는 것을 매우 싫어한다. 그래서 만일 개들에게 옷을 억지로 입히려 한다면 그것은 가혹한 짓을 하는 것이다. 그러나 내가 러스티에게 옷을 입히자 러스티는 마치 봉제 인형처럼 몸을 축 늘어뜨렸다. 나는 때로는 그에게 잠옷을 입혀 낡은 유모차에

◐ 러스티.
◐ 러스티는 옷 입는 것을 좋아했다.

신고 거리로 밀고 다녔다. 그러나 절대로 그를 비웃어서는 안 되었다. 러스티는 사람들이 자기를 비웃는 것을 싫어해서 옷을 끌면서 당장 떠나 버리곤 했다.

러스티는 나에게 동물의 행동에 대해 너무도 많은 것을 가르쳐 주었다. 이때 배운 내용들은 일평생 기억해 왔다. 그는 나에게 개들도 생각하고 판단할 수 있다는 사실을 가르쳐 주었다. 예를 들어 내가 위층 창문에서 공을 던지면, 그는 어디로 떨어지는지 지켜본 후에 방문을 열어 달라고 짖고, 아래층으로 재빨리 내려가서 바깥문을 열어 달라고 짖고, 나가서 공을 찾아내곤 했다. 그는 또한 계획을 짤 줄도 알았다. 날씨가 아주 더우면 러스티는 바다까지 가서 수영을 하고 나서 축축하고 시원한 상태로 되돌아 달려오기도 했다.

러스티는 내가 알고 있는 개들 중 유일하게 정의감이 있어 보이는 개였다. 만일 그가 잘못된 것인 줄 아는 행동(즉, 내가 잘못되었다고 가르친 일)을 했을 때에는, 그는 개들의 방법으로 사과했다. 즉 등을 대고 드러누워 이를 드러냈다. 그러나 그가 괜찮다고 생각하는 행동에 대해 내가 화를 내면 뿌루퉁해졌다.

예를 들면 나는 러스티에게 "문 닫기"를 가르쳤다. 러스티는 뛰어올라 꽝 소리가 나게 문을 닫곤 했다. 하루는 러스티가 내가 시키지 않았음에도 불구하고 매우 젖고 진흙투성이인 발로 문을 닫았다.(그는 주의를 끌고 싶어 했다.) 나는 "러스티, 나쁜 개야!"라고 말했다. 그러자 그는 나를 빤히 쳐다보더니 벽을 향해 고개를 돌려 코를 벽 앞에 들이대고 내가 "걸어." 해도 그대로 있었다. 내가 무릎을 꿇고 용서를 빌 때까지 그는 까딱도 하지 않았다. 내가 사과하자 그는 서서히 기분을 풀고 나를 따랐다. 그는 네 번이나 다른 상황에서 이와 같이 행동했다.

내가 방학이 끝나는 것을 싫어한 또 하나의 이유는 매일 아침 학교에 갈 때마다 러스티 곁을 떠나야 했기 때문이었다.

나는 학교에서 공부를 꽤 잘했다. 특히 영어, 역사, 성서 공부, 그리고 물론 생물과 같이 관심이 가는 과목의 경우에는 더 잘했다. 수학이나 외국어는 어렵게 느껴졌기 때문에 더 열심히 공부해야만 했다. 나는 보통 학기말 성적이 2등 또는 3등이었다. 내가 다니던 고등학교는 여학교였는데 매우 똑똑한 여자애 하나가 항상 1등을 했다. "클로"라고 불리는 내 제일 친한 친구, 마리클로드 망주는 나보다 조금 더 공부를 잘해 2등이 되거나 나보다 조금 못해 3등이었다. 나는 졸업하기 전 2년 동안은 생물, 영어, 역사 등의 과목만 들었다. 내가 항상 제일 좋아하던 과목들이었으므로, 이 두 해가 내 학창 시절 중 가장 행복한 때였다.

나는 열여덟 살이 되었을 때 치른 마지막 고사에서 좋은 성적을 받았다. 그리고 갑자기 내 학창 시절이 끝났다. 그 다음엔 무엇을 하지? 나는 단지 동물을 관찰하고 동물에 대해 글을 쓰고 싶었다. 어떻게 그 일을 시작할 것인가? 동물을 관찰하는 것으로 어떻게 먹고 살 수 있을까?

기회를 기다리며

 나는 학교를 졸업하자마자 독일에 있는 한 가족을 찾아가서 그들과 네 달을 지냈다. 어머니는 전쟁이 끝난 후에 내가 우리의 적국을 방문해 봐야 한다고 생각하셨다. 히틀러와 나치는 나빴지만, 히틀러를 싫어했던 평범한 독일인들도 있다는 것을 알아야 한다고 어머니는 생각하셨다.
 그러나 그 여행은 별로 즐겁지 못했다. 내가 있었던 지역은 황량하고 쓸쓸한 단조로운 곳이었다. 함께 지내던 가족의 작은 딸 헬가와 이웃 농장에 놀러 가거나, 농가 부엌에서 두껍게 썬 검은 빵을 먹던 것, 나막신 신는 법을 배웠던 것이 가장 생생하게 기억난다. 그리고 아침 일찍 서리 내린 평평한 들판을 산책하며, 하얗고 딱딱하게 언 땅 위로 산토끼가 뛰어가는 모습을 보던 일도 기억난다.

나는 독일어를 배우기로 되어 있었다. 그러나 그 가족은 너무도 영어를 배우고 싶어 했기 때문에 나에게 독일어로는 거의 말하지 않았다. 앞에서도 말했듯이 난 어학에 소질이 없었기 때문에, 독일어는 겉핥기로 약간만 배웠을 뿐이다.

내가 결코 잊지 못하는 한 가지 일이 있다. 나는 쾰른 시를 구경하러 갔는데, 쾰른도 다른 독일 도시들처럼 전쟁 중 연합군으로부터 심하게 폭격을 맞은 상태였다. 폭격에 의해 파괴되어 평평해진 도시 저편에 쾰른 성당의 첨탑이 보였다. 폐허가 된 부근 건물 사이에서, 그 탑은 전혀 훼손되지 않은 채 우뚝 솟아 있었다. 나에겐, 마치 "아무리 상황이 나빠도 결국은 선이 승리할 것"이라고 하나님이 알려 주시는 것 같았다. 나는 어린 시절에 계속 교회를 다녔다. 매주 일요일마다 간 것은 아니었어도 자주 갔었다. 그날 쾰른 성당의 첨탑은 내가 그때까지 들었던 어떤 설교 말씀보다 나에게 더 큰 인상을 주었다.

독일에서 돌아온 후 나는 런던에 있는 비서 학교에 입학했다. 엄마는 "비서는 세계 어디에서도 직장을 구할 수 있다."

고 말씀하셨다. 그래서 나는 타자, 속기, 그리고 간단한 부기를 배웠다.

나는 런던에 있을 때 미술관과 음악회에 가는 것을 즐겨했다. 나는 한번도 악기 다루는 법을 배운 적이 없지만, 고전 음악을 감상하는 것을 좋아했다. 아직 돈이 별로 없었기 때문에, 나는 어디든지 걸어 다녔고 가장 값싼 좌석에 앉았다.

나는 많은 사람들을 알게 되었다. 때로는 젊은 남자들이 저녁 초대를 하거나 연극 구경을 하자고 했다. 나는 그전에는 남자들과 시간을 보내 본 적이 거의 없었다. 말을 타거나 산책하거나 러스티와 노느라 시간이 없었다. 그러나 이제 학교를 졸업하고 세상에 나온 것이었다.

나는 비서 자격증을 딴 후 잠시 고향에 가서 올리 이모의 병원에서 일했다. 올리 이모는 물리 치료사였으며 번머스 지역 어린이들을 위한 병원을 운영했다. 일주일에 수차례 여러 의사들이 환자를 진료하기 위해 병원에 왔다. 내 할 일은 그들의 편지를 타자로 치는 것이었다.

올리 이모의 환자들은 갖가지 문제를 갖고 있었다. 선천적으로 발이 기형인 갓난아기들, 소아마비로 인해 팔이나 다리가 마비된 어린이들, 근위축증으로 죽어 가는 청소년들이 있었다. 이들 중에는 걷지 못해 죽을 때까지 휠체어에 앉아 지내야 하는 아이들도 있었다. 보기 흉한 의족이나 목발을 사용해야 겨우 움직이는 아이들도 있었고 혼자서는 몸을 가누지 못하는 경련증에 걸린 어린이들도 있었다. 무정위운동증에 걸린 한 어린 소년이 있었다. 이 병은 출생 시 뇌간이 손상되어 생기는 병이다. 이 병에 걸린 불쌍한 아이들은 자신의 근육을 마음대로 움직일 수 없어 팔다리가 심한 경련을 일으키고, 말을 하려고 하면 얼굴에도 심한 경련이 일어난다. 보통 이 아이들이 하려는 이야기는 이해하기 매우 힘들다.

올리 이모는 나에게 흥미로운 이야기를 하나 해 주셨다. 옛날에 사람들은 무정위운동증 환자들이 미쳤다고 생각하고, 그들을 정신 병원에 집어넣곤 했다. 무정위운동증에 걸린 여자 아이가 하나 있었는데, 그 아이의 부모는 부자였다. 그들은 딸을 정신 병원에 있게 하고 싶지 않았기 때문에, 한 큰 병원의 아동 병실에 입원시켰다. 아무도 그녀와 많은 시간을 보내려고 하지 않았다. 어느 날 어떤 유명한 의사가 그 병실에 들렀다. 그는 좀 수준 높은 농담을 했다. 아이들은 그 농담을 이해하지 못했기 때문에, 아무도 웃지 않았다. 그러나 갑자기 의사는 "미친" 소녀의 눈이 재미있다는 듯 빛을 내고 있는 것을 보았다. 그는 그 소녀가 그 농담을 이해했다는 것을 알 수 있었다. 그는 깜짝 놀랐다. 그는 소녀를 자기 집으로 데려가 특별 수업을 실시했다. 그녀는 아주 영리해서 말하는 것을 배웠을 뿐 아니라 곧 시험을 모두 통과했다. 이제 우리는 대부분의 무정위운동증 환자들이 매우 똑똑하다는 사실을 알고 있다.

나는 그 병원에서 너무도 많은 것을 배웠다. 그때 이후 내 삶에서 일이 제대로 풀리지 않을 때, 나는 내가 건강한 것이 큰 행운임을 되새긴다. 나는 하나님께 감사하고, 문제를 해결하거나 슬픔을 견뎌 나가는 데 더 적극적인 태도를 갖게 된다. 그 이후, 절름발이거나 장애가 있는 사람들과 훨씬 친밀감을 느끼게 되었다.

병원에서 여섯 달 동안 일한 뒤 나는 옥스퍼드에서 일자리를 구했다. 나는 유명한 옥스퍼드 대학교에 가려고 생각해 보기도 했으나, 엄마는 내가 장학금을 타지 않으면 보내지 못할 형편이었다. 장학금을 타려면 외국어를 할 줄 알아야 했는데, 아시다시피 난 외국어를 하지 못했다. 나는 옥스퍼드 대학교에 다니지 못한다면 그 대학에 취직하는 것이 차선책이라고 생각했다. 나는 대학 행정실의 서류 정리과에 근무했는데, 일 자체는 매우 지루했다. 침실 겸 거실로 쓸 수 있는 방을 빌려주는 집에 세들어 살면서, 옥스퍼드 대학교의 대학원생들과 한 집에서 지내게 되었다. 그리고 그 밖의 여러 학생들도 알게 되었다. 나는 무척 재미있는 시간을 보냈다. 공부의 부담을 느끼지 않고 학생 노릇을 하는 것 같았다.

내가 무엇보다도 좋아했던 것은 옥스퍼드의 강이었다. 나는 아침 일찍 또는 저녁 늦게 카누를 타고 조용히 노를 젓곤 했다. 물새, 쇠물닭, 물총새, 고니 등을 보았는데 고니들은 좀 무서웠다. 특히 새끼들이 있을 때는 사나워지기 때문에 더욱 그랬다. 내가 아는 어떤 남자는 예전에 자기 새끼를 쫓아 온다고 생각한 고니의 공격을 받아 다리가 부러진 적이 있다. 또한 상앗대로 작은 너벅선을 젓는 법을 배웠는데, 카누 타는 것보다 훨씬 힘들었다. 밑바닥이 평평한 배를 긴 상앗대로 밀어내고, 손을 번갈아 잡아당겨 상앗대를 물속으로부터 끌어올린 후, 다시 힘차게 내리꽂아 배를 앞으로 나아가게 하는 것이다. 너벅선을 타는 데는 두 가지 어려움이 있었다. 하나는 너벅선을 똑바로 가게 하는 것이고 또 하나는 강바닥 진흙에 상앗대를 너무 깊이 박으면 안 된다는 것이다. 초보자의 경우 상앗대를 진흙에 박은 채 놓아두거나, 상앗대를 너무 꽉 잡은 나머지 너벅선 밖으로 끌려 나와 물에 풍덩 빠져 버리는 광경을 자주 볼 수 있다. 너벅선 타는 것을 배우면서 자주 물에 흠뻑 젖곤 했다.

나는 옥스퍼드 시절 유명한 5월 무도회에 몇 번 갔다. 나의 첫 무도회 드레스는 흰색의 그물 무늬 옷으로, 엷은 회색 고니 깃털이 반짝이로 고정된 채 달려 있었다. 그 옷은 원래 매우 비싼 것이었는데, 어떤 모델이 패션쇼에서 입었던 것이라 싸게 살 수 있었다. 나는 그 드레스를 입고 공주가 된 기분이었다.

5월 무도회 드레스를 입고 있는 나와 아버지.

아름다운 진홍빛 레이스가 달린 드레스도 기억난다. 어머니는 그 드레스를 나에게 사 주기 위해 아마도 영화 구경 등 여러 가지를 포기하셨을 것이다. 마이클 아저씨와 조앤 아주머니가 버킹검 궁전에서 나를 엘리자베스 여왕에게 소개해야 했기 때문에 좋은 드레스를 입어야만 했다. 난 우선 살짝 무릎을 굽히는 공식적인 인사법을 배워야만 했다. 나는 어떤 재미있는 노부인으로부터 교습을 받았다. 그녀는 나에게 머리에 뭔가를 올린 채 계속 연습하라고 말했다. 그래서 여왕과 필립 공에게 인사하게 됐을 때에는 인사법에 능숙해져 있었다. 굉장히 성대한 행사였다.

옥스퍼드에서 1년을 보낸 뒤, 나는 런던으로 되돌아가 정말 황홀한 일자리를 얻었다. 다큐멘터리 영화를 만드는 영화 제작소에서 일하는 것이었다. 의료 관련 영화를 전문으로 하고 있었지만, 자동차 경주에 대한 영화나 광고용 영화를 만들기도 했다. 내가 실제로 하는 일은 영화를 위한 음악을 선정하는 일이었다. 나는 또한 편집법, 영화 음악 제작법, 믹싱 등 영화 제작에 대한 다른 기법들도 배웠다.

나는 아버지의 아파트에서 살았다. 부모님은 이미 이혼한 상태였지만, 두 분은 여전히 가까운 친구 사이였다. 런던에 있던 그 1년 동안 아버지에 대해 약간 더 잘 알게 되어서 좋았다.

아프리카에 대한 내 꿈은 어떻게 되었을까? 잊어버렸나?

아니 절대로 잊지 않았다. 나는 자연사 박물관을 관람하며 많은 시간을 보냈다. 나는 동물, 특히 아프리카 동물에 관한 책을 계속 읽었다. 내 직장을 좋아하긴 했지만, 그것은 당분간 시간을 때우는 것이라고 생각했다. 나는 항상 기회를 찾고 있었다.

운 좋게 기회가 마침내 생겼을 때, 나는 준비가 되어 있었다. 그 기회는 어느 수요일 아침에 찾아왔다. 나는 학교 친구인 클로에게서 편지를 받았다. 지난 몇 년 동안 서로 소식이 끊긴 상태여서, 난 그녀를 거의 잊고 있었다. 그러나 클로는 갑자기 케냐로 자신을 찾아오라고 날 초대했다. 그녀의 부모님이 얼마 전 케냐에 농장을 샀다는 것이었다. 아프리카의 케냐! 당연히 가고 말고!

난 우선 돈을 벌어야만 했다. 영화 제작소에서의 일자리가 좋았지만, 월급이 매우 적었다. 나는 사표를 내고 고향으로 돌아갔다. 고향의 식당에서 웨이트리스 일을 구했다. 버치스에서 모퉁이를 돌면 나오는 크고 고풍스러운 호텔에서 일했다.

어쩌면 웨이트리스나 웨이터 일이 쉽다고 생각할지도 모르겠다. 나도 그렇게 생각했었다. 그러나 곧 내가 틀렸다는 사실을 알게 되었다. 좋은 웨이트리스가 되기 위해 내가 익혀야 할 기술은 너무도 많았다. 나는 한 손에는 접시를 든 채, 다른 손으로 서빙 스푼이나 포크를 사용해 얇게 저민 고기 조각이나 야채를 능숙하게 들어 올리는 법을 배웠다. 나는 특히 쟁반 없이 여러 개의 접시를 한꺼번에 나르는 데 능숙해졌다. 내 최고 기록은 각각에 조그만 생선 요리가 담긴 열세 개의 접시를 한 번에 날랐던 것이다!

매 주말 나는 봉급과 팁을 응접실에 있는 양탄자 밑에 넣어 두었다. 내가 웨이트리스 일을 시작한 지 네 달이 지난 어느 날 저녁, 우리 가족은 응접실에 모여 커튼을 친 후(아무도 들여다보지 못하도록) 내가 번 돈을 세어 보았다. 얼마나 신났던지! 런던에 있었을 때 저축했던 약간의 돈을 합치면 아프리카 왕복 여비가 되었다.

아프리카로

나는 "케냐 캐슬"이란 여객선을 타고 바다를 건너 처음으로 아프리카 여행을 떠났다. 나는 그때 스물세 살이었다. 나는 죽을 때까지 그 멋진 항해를 잊지 못할 것이다.

우리는 아프리카 서쪽 해안을 따라 카나리아 제도에 잠시 들렀다가 대륙 끝까지 항해했다.(물론 둘리틀 박사가 그곳에서 겪은 해적들과의 모험을 떠올렸지만, 나에게는 그처럼 재미있는 일은 벌어지지 않았다.) 그 뒤 우리는 희망봉을 돌아 케이프타운과 더

반을 거쳐 마침내 베이라에 이르렀다. 나는 항해가 영원히 계속되길 바랐다. 나는 갑판에서 바다를 바라보면서 가끔 돌고래, 상어, 그리고 날치의 모습이 눈에 띄면 매우 좋아했다. 특히 파도가 심해져 대부분의 승객들이 객실에 있을 때가 좋았다. 나는 운이 좋아서 절대로 배멀미를 하지 않았다.

남아프리카 공화국의 케이프타운과 더반은 매우 아름다운 도시였다. 그러나 나는 흑인과 백인을 법적으로 분리시켜 놓는 정책인 아파르트헤이트가 너무나 싫었다. 버스 정거장에 백인 전용이란 의미의 "Slegs Blancs"이란 표시가 되어 있는 좌석이 있다는 것이 끔찍했다. 이런 표지판은 해변, 식당 등 가는 곳곳마다 있었다.

런던을 떠난 지 21일째 되는 날, 우리는 케냐의 항구 도시인 몸바사에 도착했다. 드디어 도착한 것이었다. 앞으로 무슨 일이 있을지 모르지만, 신나는 일임은 분명했다.

나는 기차를 타고 케냐의 수도인 나이로비로 갔다. 이틀에 걸친 기차 여행이었다. 그래서 케냐의 전원 풍경과, 비록 멀리서 였지만, 몇몇 야생 동물을 볼 수 있었다. 그러나 어떤 것도 진짜처럼 느껴지지 않았다. 마치 영화의 한 장면을 보는 것 같았다.

나이로비에서 나는 클로를 만났다. 클로의 농장으로 가는 길에 처음으로 가까이에서 기린을 보았다. 기린은 비포장 도로 한가운데 긴 다리로 서 있었다. 긴 목이 자동차 위로 우뚝 솟아오른 기린은 긴 코 너머로 우리를 바라보고 있었다. 긴 속눈썹이 아름다운 짙은 눈 주위를 장식하고 있었다. 기린은 아카시아를 씹고 있었는데, 긴 혀가 거의 검은 색이었다. 마침내 그는 돌아서서 천천히 뛰어갔다. 마치 슬로 모션으로 달리는 것 같아 보였다. 그 길고 긴, 놀라운 동물을 보고서야 나는 마침내 내가 아프리카에 왔다는 것을 확실히 실감할 수 있었다. 내가 꿈꾸던 아프리카, 둘리틀 박사와 타잔의 아프리카에 정말 온 것이었다.

나는 케냐의 키난콥(흰 고원 지대)이라는 지역에 있는 클로의 농장에서 멋진 3주를 보냈다. 그 뒤 임시직을 시작하기 위해 나이로비로 이사 갔다. 나는 친구들에게 오래 들러붙어 있으면서 그들의 대접에 의존하기만 하는 것은 용서받지 못할 행동이라고 항상 생각해 왔다. 그래서 영국에서 떠나기 전에 케냐에 지사를 둔 회사에 일자리를 구해 놓았었다. 하는 일은 매우 지겨웠지만, 내가 쓸 돈을 벌 수 있었고, 동물들과 함께 지낼 수 있는 길을 찾는 동안 경제적으로 자립할 수 있었다.

두 달 후 나는 내 모든 꿈을 이루어 줄 사람을 만났다. 누군가 나에게 "동물에 관심이 있다면 루이스 리키(Louis Leakey) 박사를 만나 봐야 합니다."라고 알려 주었다. 리키는 동물과 인류의 조상에 관심을 가진 인류학자이자 고생물학자였다.

그래서 나는 약속을 하고 리키 박사의 어지럽혀져 있는 사무실로 찾아갔다. 사무실에는 논문, 화석, 이빨, 석기, 그리고 그 밖의 온갖 것들이 여기저기 널려 있었다. 생쥐가 여섯 마리의 새끼와 함께 사는 커다란 새장도 있었다.

그의 비서가 바로 전에 그만두었기 때문에, 루이스는 나를 즉시 채용했다. 얼마나 운이 좋았는지! 하지만, 아마 그렇지 않았어도 그는 나에게 일자리를 주었을 것이다. 아프리카 동물에 대한 내 풍부한 지식에 감탄했기 때문이다.

루이스는 나에게 나이로비 국립공원을 구경시켜 주었다. 그와 함께 있는 것은 멋진 경험이었다. 그는 케냐에 사는 동안 보았던 동물들에 대한 여러 가지 재미있는 이야기들을 알고 있었다. 그는 키쿠유 족에 대해서도 그 어떤 백인보다 많이 알고 있었다. 선교사였던 그의 아버지가 그를 마치 키쿠유 족의 한 사람처럼 키웠기 때문이었다. 태어난 지 이틀째 되던 날 그는 아기 침대에 누인 채 집 밖에 놓여졌다. 키쿠유 풍습에 따라 부족의 어른들은 그에게 축복을 주기 위해 그 옆을 지나갔다. 축복을 주는 표시로 한 명 한 명 그에게 침을 뱉었다! 그 후 사춘기 시절, 그는 함께 자란 다른 키쿠유 소년들과 함께 성인식을 치렀다.

내가 박물관에서 일을 시작하기 전에, 루이스와 부인 메리(Mary Leakey)는 박물관에서 일하는 질리언이란 여자와 나를 탐사 여행에 데려가 주었다. 우리는 탕가니카에 있는 올두바이 골짜기로 갔다.

그것은 내 삶에서 가장 신나는 모험 중 하나였다. 지금은 유명해진 올두바이 골짜기는 1957년 당시만 해도 극소수의 백인들에게만 알려진 곳이었다. 그곳까지 향하는 도로도 없었다. 심지어는 오솔길조차 없었다. 은고롱고로 분화구에서 세로네라로 향하는 오솔길에서 벗어난 다음(이 오솔길은 이제 세렝게티 평원을 가로지르는 도로로 바뀌었으며, 표지판도 잘 되어 있다.), 질리언과 나는 짐을 가득 실은 지프 위에 앉아 1년 전에 리키 부부가 남긴 희미한 자동차 바퀴 자국을 찾아야만 했다. 리키 부부는 여름마다 서너 달 동안 화석을 찾기 위해 올두바이 골짜기로 갔다. 그들은 이미 오래전 세렝게티 평원을 누비던 선사 시대 동물들에 대해 많은 것을 알고 있었다. 그들은 유인원을 닮은 인류의 조상들이 이곳에 살았다는 것도 알고 있었다. 리키 부부는 그들이 쓰던 단순한 석기들을 많이 찾았지만, 그들의 뼈 화석은 아직 발견되기 전이었다.

긴 여행 끝에 우리는 올두바이 골짜기에 도착했다. 오는 도중 두 번 정도 가던 길을 멈추고 캠프를 세웠다. 우리는 골짜기에 서 있는 몇 그루의 무성한 아카시아 나무 그늘 아래 앞으로 세 달 동안 우리가 지내게 될 텐트를 쳤다. 얼마 안 있어 큰 트럭이 도착했다. 더 많은 장비와 발굴을 도울 아프리카 인부들을 가득 싣고 있었다.

텐트를 다 치고 났을 때에는 주위가 거의 어두워져 있었다. 루이스와 메리는 빈 트럭에서 잤다. 그들은 트럭 안에 침대 두 개를 넣고 탁자와 장으로 쓸 몇 개의 상자를 실었다. 트럭이 일종의 캠핑용 자동차가 되었다.

그날 저녁 모닥불 주위에 둘러앉아 통조림을 뜯어 놓고 가벼운 식사를 하던 중, 나는 멀리서 사자가 으르렁거리는 소리를 들었다. 그 뒤에 내가 간이 침대에 누워 있을 때 이상한 고음의 소리가 났다. 나중에 알고 보니 먹이를 놓고 싸우는 하이에나의 "웃음소리"였다.

나는 이처럼 행복한 적이 없었다. 나는 인간이 사는 곳에서 멀리멀리 떨어져, 아프리카의 황야에서 한밤에 동물들에 둘러싸여 있는 것이었다. 자유로운 야생 동물들. 그것이 내가 일평생 꿈꿔 오던 것이었다.

뜨거운 열대의 태양 아래서 화석을 발굴하는 작업은 매우 힘들었다. 아프리카 인부들은 곡괭이와 삽을 사용해 표면의 흙을 치워 현장을 준비했다. 인부들이 루이스와 메리가 작업을 할 화석이 있는 지층까지 파고 나면, 메리는 마지막 힘든 작업을 직접 하겠다고 고집했다. 중요한 화석이 곡괭이에 의해 깨지지 않도록 자신이 파겠다는 것이었다. 나는 힘이 세고 매우 건강했으므로 그녀를 돕겠다고 나섰다. 우리는 무거운

올두바이 골짜기에서의 나. 사진 왼쪽에 서 있는 사람이 루이스 리키이다.

도구들을 내리치고 땀을 흘리며 함께 일을 잘했다.

화석층까지 이르고 나면 우리는 사냥칼로 딱딱한 흙을 깎아 내며 뼈를 찾았다. 뼈를 찾고 나면 우리는 치과 의사들이 사용하는 이쑤시개를 사용해 귀중한 화석을 박힌 자리에서 조심스럽게 들어냈다. 마지막 손질은 나이로비로 돌아간 후에 했다.

나는 수백만 년 전 지구 위를 걷던 동물의 뼈를 처음으로 들어내던 순간을 항상 기억한다. 내가 직접 발굴한 뼈였다. 경외감이 나를 엄습했다. '한때 이 동물이 여기에 있었다. 생기에 넘쳤을 것이다. 살과 털이 있었을 것이다. 독특한 냄새도 났을 것이다. 배고픔과 목마름과 아픔을 느낄 수 있었다. 새벽 태양을 즐길 수도 있었다.' 이런 생각이 들었다.

오후에 우리는 막대기를 겹쳐 벽을 만들고 풀로 지붕을 인 집에 1시간 동안 모두 모였다. 그곳에서 아침에 발견한 화석들을 분류했다. 우리는 화석 하나하나에 숫자를 붙이고 잘 보관했다.

2년 후 리키 부부는 "사랑스러운 소년" 또는 "조지"라고 알려지게 된 유인원과 비슷한 형태의 두개골을 찾았다. 그는 또한 호두 까는 사람으로 불리기도 했다. 큰 이와 넓고 튼튼한 턱뼈를 가졌기 때문이다. 그의 공식 명칭은 오스트랄로피테쿠스 로부스투스이다.

올두바이에서 수색 작업을 벌인 사람들이 인간과 비슷한 존재들이 머나먼 옛날 그곳에서 살았다는 많은 증거를 발견했음에도 불구하고, 이들의 두개골이 발굴되기 전까지는 그 어떤 뼈도 올두바이에서 발견된 적이 없었다. 나도 아마 망치로 사용되었던 것 같은 오래된 석기를 발견했다. 매우 단순하고 원시적인 석기였다. "사랑스러운 소년"은 마침내 루이스와 메리로 하여금 망치를 사용한 이의 모습이 어떠했을지 짐작할 수 있게 해 주었다.

그 유명한 발견이 있기 전의 올두바이를 알고 있었다는 것이 너무도 기쁘다. 내가 갔을 때 올두바이는 아주 황량했고, 궁벽한 외지였다. 매일 일이 끝나면 질리언과 나는 우리끼리 올두바이를 둘러볼 수 있었다. 한번은 검은 코뿔소에 거의 부딪힐 뻔했다. 코뿔소들은 매우 근시안이다. 그 코뿔소는 뭔가 잘못되었다는 것을 알아채고 콧소리를 내고 땅을 긁은 다음 뒤돌아 꼬리를 위로 높이 쳐들고 뛰어갔다.

또 한번은 등이 오싹해져 오는 것을 느끼고 뒤돌아보았는데 27미터 정도 떨어진 곳에 젊은 수사자 한 마리가 있었다. 사자는 호기심을 가지고 나와 질리언을 쳐다보고 있었다. 나는 질리언에게 "침착하게 골짜기를 가로질러 걸은 다음 들판 위로 기어올라야 해."라고 말했다. 그러나 질리언은 사자로부터 피해 골짜기 밑에 있는 무성한 덤불 속에 숨고 싶어 했다. 결국 우리는 내 방법을 따랐다. 사자는 약 90미터 정도 따라오다가 멈춰 서서 우리가 들판 위로 기어올라가는 것을 지켜보았다. 나중에 루이스는 나에게 우리가 올바른 결정을 했다고 말해 주었다.

세 달이 지났을 때 난 떠나고 싶지 않았다. 우리 모두 그랬다. 계속 루이스 밑에서 일하면서 동물에 대해 배울 수 있다는 것이 나에게 유일한 위안이 되었다.

나는 나이로비로 돌아가서 빨리 새 직장에 적응했다. 루이스의 어지럽혀진 사무실에 놓여 있는 책상에서 하루 종일 일을 했을 뿐 아니라, 박물관 직원 아파트로 이사갔다. 그곳에서 나는 아프리카 산 포유류, 새, 파충류, 그리고 곤충에 대해 많은 지식을 가진 사람들과 함께 있을 수 있었다. 그 당시 얼마나 많은 것들을 배웠는지!

내 친구 샐리가 영국에서 와서 나와 아파트를 함께 쓰게 되었다. 그녀는 선생님이 되어 근처에 있는 학교에서 대여섯 살 된 어린이들을 가르쳤다.

얼마 안 있어 우리는 여러 마리의 동물들을 키우게 되었다. 사람들이 계속 동물들을 내게 데리고 오곤 했다. 어미를 잃어 집이 필요한 동물들과 아프리카 시장에서 구출된 동물들이었다. 처음 온 동물은 부시베이비 "레비"였다.

갈라고라고도 하는 부시베이비는 작은 다람쥐 같이 생겼

부시베이비, 레비.

으며, 원숭이와 친척 관계이다. 부시베이비는 큰 귀, 커다란 둥근 눈, 그리고 길고 털이 많은 꼬리를 가지고 있다. 부시베이비는 밤에 커다란 울음소리를 내는데, 어떤 사람들은 그 소리가 마치 아기 우는 소리 같다고 한다. 부시베이비에도 몇몇 종류가 있는데 레비는 그중에서도 작은 편이었다.

레비는 낮 시간 동안의 대부분은 루이스의 사무실에 있는 장 위의 한 커다란 호리병박 속에서 잠을 잤다. 루이스에게 손님이 찾아올 때면 낯선 목소리를 듣고 깨기도 했다. 레비는 호리병박에서 졸린 눈을 들어 아래를 내려다보다 훌쩍 뛰어 손님의 어깨 위에 올라앉곤 했다. 어떤 남자는 놀라서 심장마비에 걸릴 뻔했다. 루이스는 신경 쓰지 않았다. 루이스는 아프리카에 살려면 항상 어떤 일이 일어나도 감당할 준비가 되어 있어야 한다고 했다. 저녁이 되면 레비는 방을 뛰어다니며 빛을 보고 나온 곤충들을 잡았다. 레비는 또한 많은 과일과 벌레를 먹었다. 나는 자주 문을 열어 두었는데, 레비는 곤충을 잡기 위해 다른 집의 문이나 창문으로 뛰어 들어가 때때로 사람들을 놀라게 하긴 했지만, 도망간 적은 없었다.

그 다음 나는 "코비"란 이름의 베르베트원숭이와 "킵"이라는 난장이 몽구스를 얻었다. 두 마리 다 동네 시장의 진열대에 묶여 있었다. 그들은 서로 매우 친해져서, 코비는 종종 킵을 안고 앉아 있곤 했다.

다음에는 코비와 킵에게 아내가 생겼다. 코비의 아내는 "레너스"란 이름으로, 킵의 아내는 그냥 "미시즈 킵"이라 불리게 되었다. 우리는 우연히 고슴도치 한 마리를 얻었고, 샐리는 방학 때 학교 실험실에서 구조된 흰색과 검은색이 섞인 쥐를 얻어 왔다.

보다 평범한 애완동물도 있었다. 내가 선물로 받은 아름다운 흰색과 레몬색의 코커스패니얼 종의 개 타나, 내가 친구 대신 돌봐 준 스프링어스패니얼 종의 개 호보가 그랬다. 냉키푸란 이름의 샴고양이도 있었다.

샐리와 나는 시간만 나면 내 낡은 차에 이 동물들을 모두 태우고 랑가타 숲으로 향했다. 리키 가족은 그 근처에 살고 있었다. 내가 자동차 문을 열면 냉키푸, 쥐, 고슴도치를 제외한 모든 동물들이 굴러 나왔다. 냉키푸는 자동차 안에 남아 있었고 쥐와 고슴도치는 집에 있었다. 그러나 내가 시동을 걸면 모두 뛰어 돌아왔다.

나는 항상 원숭이들이 숲 속으로 가서 살길 바랐지만, 원숭이들은 돌아가려 하지 않았다. 동물은 길들여지고 나면 다시 야생으로 돌아가는 것이 매우 어렵다. 우리가 키우던 동물 중 두 마리만 야생으로 돌아갔다. 고슴도치는 다 자란 후 풀어 주자 가 버렸고 미시즈 킵도 떠났다. 킵은 떠나려고 하지 않았다. 사실 나는 킵을 가장 오래 키웠다. 나와 함께 영국으로 돌아와 집과 정원에서 뛰놀며 수년 동안 번머스에서 살았다.

야생 동물을 애완용으로 키우는 것은 대부분의 경우 좋은 일이 아니다. 야생 동물은 야생의 생활에 적응되어 있다. 그들은 개나 고양이와는 달리 인간과 함께하는 생활에 적응하지 못한다. 대부분의 경우 애완용 야생 동물들은 비극적인 최후를 맞는다. 킵은 11월의 어느 차가운 밤, 거리로 나가 그냥 사라져 버렸다. 너무도 비참하고 춥게 죽어 갔을 것이다. 대니 할머니는 킵을 무척 사랑하셨는데, 무심결에 문을 열어 둔 사이 킵이 집 밖으로 나가 버렸다. 킵을 찾아 몇 시간씩 밖에서 돌아다니시다가 할머니도 돌아가실 뻔했다. 우리는 할머니가 추위에 떨며 새파랗게 질려 있는 것을 발견했다. 할머니에게 브랜디를 드리고 잠자리에 드시게 해야만 했다. 그때 할머니는 여든을 훨씬 넘긴 연세셨다.

물론 고양이나 개도 비극적인 최후를 맞기도 한다. 내가 루이스 리키를 만난 지 얼마 되지 않았을 때, 리키는 아이리쉬 울프하운드 개의 시체를 찾으러 가면서 나를 데려가 주었다. 개 주인들은 그 전날 개가 표범에게 잡혀갔다고 말했다. 밀림에 대해 풍부한 지식을 가진 루이스는 표범 발자국과 마른 핏자국을 따라가 커다란 개의 시체를 찾았다. 개의 시체는 질질 끌려가 나무 중간쯤에 걸쳐져 있었다. 우리는 먹이를 실컷 먹지 못한 표범이 근처에 있음을 알았다. 나뭇가지 사이와 주위의 엉킨 덤불을 살펴보며 등골이 오싹하는 것을 느꼈다.

루이스는 이전에 사람들을 괴롭히는 표범들을 잡아 국립공원에 풀어 주는 일을 맡아 진행한 적이 있었다.

루이스는 죽은 사냥개가 발견된 위치에서 약 90미터 되는 거리에 산 채로 동물을 잡는 커다란 덫을 설치했다. 그리고 죽은 사냥개를 질질 끌어다 덫에 넣었다. 루이스는 표범이 사냥개의 흔적을 따라 덫으로 들어와 잡히길 바랐다. 계획은 완벽하게 성공했다. 다음날 나는 루이스를 따라가서, 덫에 갇힌 표범이 트럭에 실려 새로운 사냥터까지 긴 여행을 떠나는 것을 지켜보았다. 표범은 우리의 창살 사이로 자신을 잡아넣은 사람들에게 침을 뱉고 으르렁거렸다. 겁에 질려 있었지만 너무도 아름다웠고, 용감하고 도전적이었다. 나는 표범이 새로운 고향에서 잘 적응하길 바랐다. 그러나 표범은 영토를 지키는 동물이므로 자신의 영토를 만들기 위해 적어도 다른 한 마리의 수표범과 싸워야 했을 것이다.

박물관에서 일한 지 아홉 달이 지났을 때, 나는 어머니가 놀랄 만한 일을 해 드릴 수 있을 정도의 돈을 모았다. 나는 어머니께 나에게 올 여비로 쓰시라고 수표를 보냈다. 그때까지 어머니는 나를 위해 모든 것을 해 주셨다. 이제 내가 어머니를 위해 무엇인가를 할 수 있게 된 것이다.

어머니는 비행기를 타고 오셨다. 예상했던 대로 어머니는 아프리카를 매우 좋아하셨다. 어머니는 내가 알고 지내는 사람들과 동물 친구들 모두를 즐겁게 만나셨다. 얼마 지나지 않아 어머니는 친구들을 많이 사귀어 이곳저곳에 초대를 받으셨다. 어머니는 케냐에 있는 짧은 기간 동안 케냐의 많은 것을 구경하셨다.

우리는 나의 미래에 대해 이야기했다. 루이스는 그의 직원이 학위가 있건 없건 상관하지 않았다. 그는 직원이 얼마나 지식을 가졌는가, 얼마나 열심히 헌신적으로 일하는가를 중요하게 여겼다. 그래서 원했다면 나는 박물관에서 계속 근무할 수도 있었다. 혹은 화석에 대해 더 많이 배워서 고생물학자가 될 수도 있었다.

그러나 이 두 직업은 모두 "죽은" 동물을 다루는 것이었다. 나는 아직 "살아 있는" 동물을 연구하고 싶었다. 내 어린 시절의 꿈은 아직도 매우 강렬했다. 나는 야생 동물들이 그들의 삶을 방해받지 않고 생활을 하는 모습을 지켜볼 수 있는 방법을 찾아야만 했다. 나는 아무도 모르는 것들을 배우고 싶었다. 인내를 가지고 관찰해 비밀을 캐내고 싶었다. 둘리틀 박사처럼, 동물들과 함께 이야기를 나눌 수 있을 정도로 동물들에게 가까이 다가가고 싶었다. 나는 타잔처럼 두려움 없이 동물들 사이를 지나다니길 바랐다.

우리가 올두바이에서 돌아온 다음부터, 루이스는 때때로

루이스 리키와 나.

탕가니카의 멀리 떨어진 한 호숫가에 사는 침팬지들에 대해 이야기했다. 루이스는 침팬지가 인간보다 훨씬 힘이 세다고 했다. 침팬지를 연구하는 것은 위험할지도 몰랐다. 어려운 일임에는 틀림없었다. 그러나 루이스는 침팬지의 생활에 대해 몹시 알고 싶어 했다. 그는 어쩌면 침팬지에 대한 지식을 통해 석기 시대 우리 선조들의 삶에 대해 더 잘 이해할 수 있을 것이라고 생각했다. 침팬지와 인간은 생물학적으로 몹시 가까운 관계이기 때문이다.

나는 아무 훈련도 받지 않았고 아무런 학위나 경험도 없었기 때문에, 이 같은 연구에 선정되리라고는 상상도 못했다. 그러나 나는 몹시 하고 싶었다. 그래서 하루는 루이스에게 그 사실을 이야기했다.

그는 눈을 반짝이며 나에게 말했다. "난 자네가 나에게 그 말을 할 것을 기다리고 있었네. 왜 내가 자네에게 그 침팬지들에 대해 이야기했다고 생각하나?" 그는 나에게 경험이 부족한 것이나 학위가 없는 것은 상관이 없다고 말했다. 그는 "이론으로 머리가 가득 차지 않은" 사람을 보내고 싶다고 했다. 그는 조심스럽게 관찰하고 정확하게 기록할 사람을 필요로 했다. 그는 단지 학위를 원하는 사람이 아니라 진정으로 침팬지들 속에서 살면서 이들의 행동에 대해 알고 싶어 하는 사람을 원했다. 그는 무엇보다도 무한한 참을성을 가진 사람이 필요하다고 말했다.

내가 바로 그 사람이 아닌가? 이것이 내가 정말로 오랫동안 기다려 온 일이며, 나는 바로 이런 일을 하겠다는 희망으로 아프리카에 왔다. 루이스는 매우 길고 어려운 작업일 것이라고 주의를 주었다. 그는 내가 성공한다면 대학에 가서 학위를 받아야 할 것이라고 말해 주었다. 그리고 그는 내가 연구를 시작하기 전에 내가 연구를 하는 데 필요한 연구 기금을 마련하도록 해야겠다고 말했다.

루이스가 연구 기금을 모으는 동안, 나는 영국으로 돌아가 침팬지에 대해 배울 수 있는 모든 것을 배우고 있는 것이 좋겠다고 결정했다. 엄마와 나는 배를 타고 수에즈 운하를 지나 아덴과 바르셀로나를 거쳐 영국으로 돌아갔다. 그래서 내가 케냐로 떠난 지 1년 후 다시 런던으로 돌아왔을 때, 나는 아프리카 대륙을 한바퀴 돈 뒤였다.

기다림의 나날들

내가 아프리카를 떠난 뒤 침팬지에게로 가게 된 것은 만 1년이 지난 후였다. 때로는 달이 지나갈 때마다 나는 절대로 아프리카로 가지 못할 것이라는 생각마저 들었다. 확실히, 이것은 사실이기엔 너무도 멋진 일이라고 스스로에게 말하곤 했다.

영국으로 돌아온 나는 런던 동물원에서 일자리를 구했다. 동물들과 직접적으로 일하지 않고 텔레비전 영상 자료실에서 일을 도왔다. 나는 그 동안 침팬지를 관찰하는 데 많은 시간을

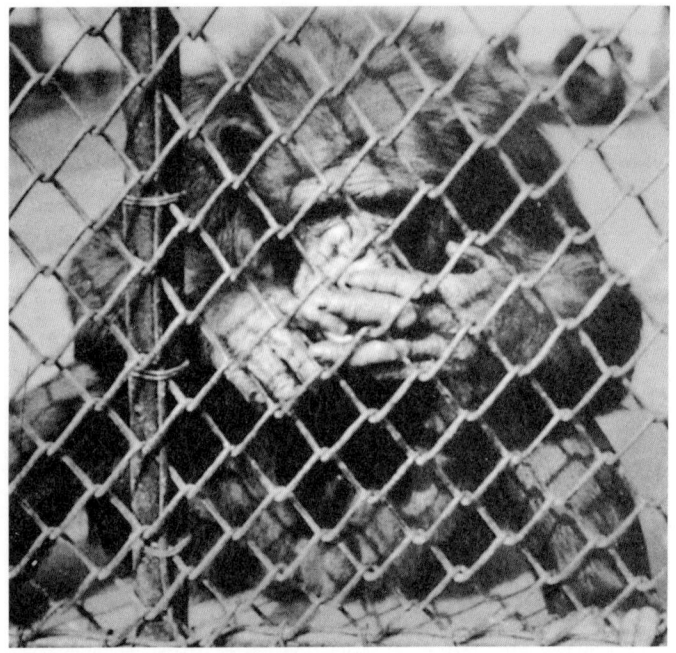
런던 동물원. 딕이 자기 손가락을 세고 있다.

보냈다. 동물원에는 "딕"이란 이름의 아름다운 수컷과 두 마리의 암컷이 있었다. 그러나 딕은 너무 오랫동안 작은 우리에 갇혀 있던 나머지 거의 미쳐 있었다. 그는 구석에 앉아 입을 벌렸다 다물었다 벌렸다 다물었다 하며 손가락을 세는 듯이 보였다. 나는 앞으로 언젠가 동물원에 사는 침팬지가 보다 나은 생활을 하도록 돕겠다고 다짐했다.

나는 침팬지에 대해 구할 수 있는 모든 것을 읽었지만, 대부분 실험실에 있거나 사람들의 집에 사는 침팬지에 대한 글이었다. 단 한 사람만이 야생 상태의 침팬지 관찰을 시도했었다. 그나마 그는 겨우 두 달 반 동안 야생 침팬지를 관찰했으며 별로 많은 것을 배우지 못했다. 그러나 나는 침팬지에 대해 많이 읽으면 읽을수록, 침팬지가 얼마나 영리한지를 알게 되었다. 글쓴이들은 모두 침팬지가 지금 살아 있는 그 어떤 동물보다 가장 인간과 비슷하다는 데 동의했다. 나는 침팬지가 살고 있는 숲에서 그들을 수개월 동안 연구할 수 있는 것이 얼마나 큰 행운인가를 생각했다.

마침내 루이스는 내가 연구를 시작할 수 있을 만큼의 연구비를 구했다는 편지를 보내왔다. 그는 또한 탕가니카(잔지바르와의 합병 이후에 탄자니아가 되었다.)에 있는 영국 정부 관리로부터 곰베 강 야생 동물 보호 구역에서 연구를 해도 된다는 허가를 받았다. 1960년 당시 탕가니카는 아직 영국의 지배하에 있었는데, 루이스는 이 허가를 받는 것이 매우 힘들었다고 말했다. 당시에는 젊은 미혼 여자가 혼자서 아프리카 밀림에 들어가 동물을 연구하는 것은 위험하다는 생각이 지배적이었다. 실제로 관리들은 루이스에게 나 혼자에게는 연구 허가를 줄 수 없고, 반드시 동반자를 찾아야 한다고 말해 주었다.

나는 어머니를 선택했다. 어머니는 아프리카로 오는 것에 대해 너무도 기뻐하셨다. 어머니는 아프리카를 무척 좋아하셔서 다시 돌아오고 싶어 하셨으며 또한 내가 새로운 일을 시작하는 것을 돕고 싶어 하셨다. 어머니는 세 달에서 네 달 정도밖에 함께 있을 수 없었지만, 관계 당국이 그 정도면 내 존재에 익숙해져 내가 혼자 남아 있는 것을 허용해 줄 것이라고 기대하고 있었다.

우리는 커다란 흥분에 휩싸여 짐을 꾸려 비행기를 타고 나이로비로 향했다. 루이스는 우리를 만나 연구를 위한 준비를 하는 동안 머무르게 될 호텔로 우리를 데려갔다.

얼마나 준비할 것이 많았는지! 캠핑에 필요한 도구들, 텐트, 침구, 취사도구, 통조림, 녹색과 갈색의 숲에 어울리는 우충충한 빛깔의 옷, 망원경, 관찰 기록을 적기 위한 많은 수첩과 종이.

그런데 엄청나게 실망스러운 일이 생겼다. 루이스는 탕가니카 야생 동물 보호국장으로부터 긴 전보를 받았는데 야생 동물 보호 구역의 호숫가에서, 어부들 사이에 어로권 분쟁이 있다는 내용이었다. "구달 양과 어머니의 안전을 보장할 수 없습니다." 우리는 사파리 여행을 연기해야 했다.

루이스는 내가 얼마나 실망했는지 알았다. 그는 케냐의 빅토리아 호수에서 어머니와 내가 그의 보트를 사용할 수 있도록 준비해 주었다. 내가 베르베트원숭이를 관찰할 수 있도록 어머니와 나를 "롤루에"란 무인도로 데려가 주었다. 야생 원숭이에게 접근하여 이들을 관찰하는 데 이것은 좋은 훈련이 되고 경험이 될 것이었다.

우리는 기차를 타고 가서, 아름다운 작은 배를 타고 롤루에 섬으로 향했다. 배의 선장은 하산이라는 훌륭한 아프리카인이었다. 그에게는 하미시란 조수가 있었는데, 훨씬 젊은 사람이었다.

나는 이들 원숭이를 관찰하는 것이 무척 좋았다. 내가 선택한 원숭이 떼에 아주 가까이 가기까지는 겨우 열흘 정도가 걸렸다.

약 23제곱킬로미터 크기의 섬의 가장자리에는 수풀이 무성하게 우거져 있었다. 섬의 중앙은 풀로 뒤덮여 있었으며, 키 작은 나무들과 큰 바위도 있었다. 나는 대부분의 시간을 풀로 뒤덮인 곳에서 보내며 원숭이들이 나무와 낮은 수풀에서 움직이는 것을 지켜보았다. 낮에 날씨가 더워지면 원숭이들은 호수를 향해 더 깊은 숲 속으로 움직여 갔다. 내가 그곳에 간 지 약 2주가 되어 원숭이들이 나에게 익숙해졌을 때, 나는 원숭이들이 무엇을 하는지 보고 싶어 원숭이를 쫓아 숲 속으로 들어가기로 결심했다.

나는 하마들이 밤에 풀을 먹기 위해 섬 안쪽으로 들어가면서 만들어 놓은, 무성한 덤불 사이에 생긴 터널 중 하나를 따라 서서히 걸어가고 있었다. 무엇인가가 내게로 향해 오는 소리가 들렸다. 나는 하마가 아니길 바라며 수풀 속으로 기어 들어갔다. 하마는 겁을 먹으면 사나워진다. 밀림 속에는 바람 한 점 없었다. 내 냄새가 공기 중에 진하게 배어 있어, 주위에 있는 그 어떤 동물에게도 내 존재가 밝혀질 것이었다.

나는 마침내 무엇이 다가오는지 보고 가슴이 철렁했다. 그것은 그 어떤 하마보다도 훨씬 무서운, 한 손에 창을 들고 허리 감개만을 두른 아프리카 인이었다. 나는 곧 그가 하산이 이야기하던 악어 밀렵꾼 중 하나임을 알았다. 그리고 나는 그가 지나가면서 나를 보고야 말 것이란 사실도 알았다.

그래서 나는 하마 터널에서 나와 "잠보(안녕하세요?)"라고 말했다. 그 남자는 마치 내가 그를 때리기라도 한 것처럼 멈춰서서 팔을 들어 올렸다. 창 끝이 나를 향하고 있었다. 그는 여차하면 창으로 나를 찌를 듯이 보였다. 그러나 그는 갑자기, 아마 내가 백인 소녀일 뿐이란 것을 알았기 때문인지, 창을 내렸다. 나는 다시 숨을 쉬기 시작했다. 그는 매우 화가 나 있었다. 그는 나에게 고함을 질렀다. 나는 그가 말한 것을 모두 다 이해할 수는 없었지만, 그곳에서 나를 다시 본다면 죽일 것이란 정도는 알아들을 수 있었다. 그리고 가능한 한 빨리 섬을 떠나야 할 것이라고 말했다. 마침내 그는 떠났다.

나는 그날 더 이상 원숭이를 관찰하고 싶은 기분이 들지 않았다. 나는 호숫가로 가서 하산에게 나를 데려가 달라고 손짓했다. 하산은 무슨 일이 벌어졌는지에 대해 이야기를 듣고 몹시 화를 냈다. 그는 즉시 밀렵꾼들의 캠프까지 노를 저어 가서 그들과 이야기를 나눴다. 마침내 그들은, 내가 섬의 일정 지역에만 있고 그들의 캠프 근처로 절대로 가지 않는다면 나를 건드리지 않겠다고 말했다. 나는 이러한 약속을 기꺼이 따를 마음이었다. 그러나 나는 그들을 진정으로 믿지 못했고, 원숭이를 쫓아 빛이 희미하게 들어오는 하마 터널을 지나갈 때마다 항상 불길한 사람의 모습이 어딘가에 숨어 있지는 않을까 하는 생각이 들곤 했다.

4주쯤 지났을 때, 나는 원숭이에 대해 꽤 많은 것을 알게 되었다. 그러던 어느 날 저녁 나를 데리러 온 하산이 내가 이제 곰베에 갈 수 있다는 전갈이 무선을 통해 왔다고 알려 주었다. 나는 하루 더 섬에 머물렀다. 나는 피에르, 매기, 루시와 불과 며칠 전에 태어난 루시의 새끼인 그록 등 내가 사랑하게 된 작은 원숭이들에게 작별을 고해야 한다는 생각이 들었다. 그리고 다음날 아침 일찍, 우리는 육지로 출발했다.

나이로비로 돌아가자 우리가 떠나는 데 필요한 모든 것이 준비되어 있었다. 박물관에서 일하는 식물학자 버나드 버드쿳 씨가 나와 어머니를 곰베와 침팬지들로부터 가장 가까운 마을인 키고마까지 차로 데려다 주도록 되어 있었다. 모든 짐을 그의 랜드로버 차에 싣고 나자 차는 꽉 차서 움직이는 것이 신기할 정도였다.

여행은 사흘이 걸렸다. 곰베로 가는 길에는 체체파리가 들끓고 있는 숲이 많았다. 우리가 낮에 차를 멈추면 차를 쫓던 파리들은 피를 빨려고 달려들었다. 체체파리는 못생긴 회색 벌레로 너무도 빨리 날기 때문에 죽이기가 힘들다. 체체파리가 물면 몹시 아프고, 아프리카 일대에서는 수면병을 전염시키기도 한다.

우리는 마침내 키고마에 도착했다. 우리는 작은 호텔에 짐을 풀고 몸을 씻은 후 그 지역 최고 정부 관리를 만나러 갔다. 단지 우리 소개를 하러 갔을 뿐이었는데 인사가 끝나자 정부 관리는 진지해졌다. "죄송합니다. 두 분이 지금 곰베로 가는 것을 허락할 수 없습니다. 호수 건너편 벨기에령 콩고에서 아프리카 인들 사이에 끔찍한 반란이 일어났습니다. 그들은 많은 백인들을 죽이고 있습니다. 우리는 탕가니카의 아프리카 인들이 어떻게 반응할지 모릅니다. 탕가니카 인들도 반란을 일으키기로 결심할지도 모릅니다. 우리가 사실을 확인할 때까지 두 분은 키고마에 계셔야 합니다."

내가 과연 침팬지를 연구할 수 있을까?

우리는 호텔로 되돌아갔다. 우리는 키고마가 콩고(지금의 자이르)에서 온 난민들로 가득 차 있는 것을 알게 되었다. 그들 중에는 가족이나 친구들이 죽는 것을 보고 모든 것을 버리고 급히 떠나 온 사람들도 많았다. 그중 몇몇은 부상당해 있었다. 매우 슬프고 우울한 시기였다.

난민들 대부분은 호숫가에 있는 커다란 벨기에 건물에서 보살핌을 받고 있었다. 키고마에 사는 사람들은 모두 모여 이들을 도왔다.

이틀 후 더 많은 난민들이 도착했다. 다행히도 이전에 도착한 난민들이 이미 키고마를 떠난 후였다. 그럼에도 불구하고 키고마는 북적거렸다. 오갈 데 없는 사람들이 몇 명이라도 더 호텔에 머물 수 있도록 엄마, 버나드, 그리고 나는 방 하나로 옮겼다. 얼마 안 있어 우리는 호텔에서 아예 나와 버렸다. 우리는 호숫가에서 캠프 생활을 했고 기분이 좀 나아졌다. 키고마 사람들은 매우 친절했고 식사와 목욕을 할 수 있게 집으로 우리를 초대해 주었다.

오랜 시일이 지난 후, 마침내 영국 관리들은 우리가 곰베로 가도 안전할 것이라고 결정했다. 버나드는 우리가 호수를 따라 타고 갈 정부 소유의 배에 모든 장비를 실을 때까지 머물렀다. 버나드는 우리를 다시는 못 볼 것이라고 생각했었다고 나중에 말해 주었다. 그는 우리가 정신이 나갔다고 생각했다. 침팬지를 연구하려는 계획은 매우 위험한 것이다. 나는 나중에 다른 많은 사람들이 버나드와 마찬가지의 생각을 했다는 사실을 알게 되었다. 다행히도 루이스는 그 어느 누구의 말도 듣지 않았다!

배가 떠나 북쪽 호숫가를 향해 통통 소리를 내며 가기 시작했다. 우리는 마침내 영국으로부터 빅토리아 호수를 거쳐 침팬지의 땅으로 가는 긴 여행의 마지막 단계에 이르렀다.

침팬지의 숲으로

1960년 7월 16일은 내가 평생 잊지 못할 날이다. 그날이 바로 내가 침팬지의 땅, 즉 곰베 국립공원의 조약돌과 모래로 된 호숫가에 처음 발을 디딘 날이다. 나는 스물여섯이었다.

엄마와 나는 두 명의 아프리카 인 국립공원 정찰 대원의 환영을 받았다. 그들은 약 93제곱킬로미터 규모의 국립공원을 보호하는 책임을 맡고 있었는데 우리의 낡은 군용 텐트를 칠 만한 장소를 찾는 일을 도와주었다.

우리는 작고 물살이 센 카콤비 시냇가 근처의 나무 그늘 아래 아름다운 장소에 텐트를 쳤다. 우리는 키고마를 떠나기 전 도미니크란 이름의 요리사를 구했다. 그는 우리에게서 어느 정도 떨어진 호숫가에 작은 텐트를 쳤다.

캠프가 준비되자, 나는 탐험을 하러 떠났다. 이미 늦은 오후였으므로 나는 멀리 갈 수 없었다. 얼마 전 초원에 불이 났었기 때문에 산등성이와 산꼭대기에 있는 수풀은 모두 타 없어진 상태였다. 덕분에 돌아다니는 것이 수월했다. 다만 골짜기 위의 언덕에는 매우 가파른 부분이 있었고, 나는 자갈이 흩어진 땅 위에서 여러 번 미끄러졌다.

나는 그 첫 탐험을 하며 느꼈던 스릴을 결코 잊을 수가 없다. 캠프를 떠나고 얼마 안 되어 나는 한 무리의 비비를 만났다. 그들은 흰색 피부를 가진 이상한 동물을 보고 두려웠는지, 연거푸 "와후 와후." 하고 경고하는 소리를 내며 짖어 댔다. 나는 그들이 곧 나에게 익숙해지길 바라며 그들을 떠났다. 만일 그렇지 않다면 곰베에 있는 모든 동물들이 놀랄 것이라는 생각이 들었다. 낮은 나무와 수풀로 우거진 좁은 계곡을 건너자, 바로 옆에 붉은 빛이 도는 황금색의 아름다운 부시벅이 있었다. 부시벅은 숲 속에 살고 있는, 다리가 긴 염소 정도 크기의 영양이다. 뿔이 없었기 때문에 암컷임을 알 수 있었다. 부시벅은 내 냄새를 맡자 잠시 가만히 있다가 커다랗고 짙

곰베에서의 어머니와 나.

은 눈으로 날 물끄러미 바라보았다. 그리고 커다랗게 짖는 소리를 내고 돌아서서 껑충껑충 뛰어갔다.

높은 산마루에 이르자 밑에 있는 골짜기를 내려다보았다. 골짜기에 있는 숲은 어둡고 무성했다. 바로 내가 다음날 침팬지를 찾으러 가기로 한 곳이었다.

캠프로 돌아왔을 때는 해질녘이었다. 도미니크는 불을 피우고 저녁 식사를 준비하고 있었다. 그날 저녁과 그 뒤 나흘 동안 우리는 키고마에서 가져온 신선한 음식을 먹었으나 그 이후로는 통조림을 먹었다. 루이스가 우리 탐험을 위해 많은 돈을 마련해 주지 못했기 때문에, 우리가 가진 것은 얼마 되지 않았고 단순했다. 각자 식사용 칼, 포크, 스푼, 그리고 양철로 만든 접시와 컵이 전부였다. 그러나 우리에게 필요한 것은 그것뿐이었다. 저녁 식사를 마치고 어머니와 나는 모닥불 옆에서 이야기를 나누었고 그 뒤 텐트 속에 놓은 간이 침대에 기어들어갔다.

다음날 아침 일찍 나는 침팬지를 찾아 나섰다. 나는 곰베 국립공원을 관리하는 영국인 경비원으로부터 캠프 부근을 제외하고는 혼자서 산을 돌아다니면 안 된다는 말을 들었다. 정찰 대원과 함께 다녀야 한다는 것이었다. 그래서 나는 아돌프와 함께 나섰다. 첫날, 우리는 높은 나무 위에서 음식을 먹고 있는 두 마리의 침팬지를 보았다. 그들은 우리를 보자마자 뛰어내려 사라졌다. 그 다음날 우리는 한 마리의 침팬지도 보지 못했다. 다음날도 침팬지를 보지 못했고, 그 다음날도 마찬가지였다.

일주일이 꼬박 지나서야 우리는 작고 동그란 열매가 가득 열린 아주 커다란 나무를 발견했다. 아돌프는 내게 그 열매가 음술룰라라고 알려 주었다. 골짜기 건너편에서 우리는 침팬지들이 그 나무로 와서 열매를 먹고 내려와 숲 속으로 사라지는 모습을 볼 수 있었다. 나는 아침에 깨자마자 침팬지들을 볼 수 있도록 침팬지를 보기 제일 좋은 장소에 텐트를 치기로 결정했다. 나는 사흘을 그 골짜기에서 보냈고, 많은 침팬지를 보았다. 그러나 침팬지들은 너무도 멀리 떨어져 있었고, 나무에는 나뭇잎이 너무 무성했다. 너무도 실망스럽고 답답했다. 돌아와서 어머니께 해 드릴 이야기가 별로 없었다.

내가 극복해야 할 또 하나의 문제가 있었다. 아돌프가 매우 게으르다는 것이었다. 그는 거의 매일 아침마다 지각을 했다. 그래서 나는 라시디란 사람을 대신 쓰기로 결정했다. 라시디는 아돌프보다 훨씬 나았다. 그는 숲 속의 오솔길과 한 골짜기에서 다음 골짜기로 가는 지름길 등을 알려 주는 등 나에게 많은 도움을 주었다. 그는 눈매가 날카로워서 멀리 떨어져 있는 침팬지를 찾아내곤 했다.

그러나 수개월이 지나고 나서도 침팬지들은 우리에게 적

응하지 못했다. 우리가 접근하면 그들은 도망가 버렸다. 나는 경비원에게 혼자 숲 속을 돌아다니게 해 달라고 간청했다. 나는 혹시라도 저녁 때 돌아오지 않으면 찾을 수 있도록, 라시디에게 항상 내가 어느 방향으로 갈 것인지 말해 놓겠다고 약속했다. 경비원은 마침내 허락했다. 나는 드디어 내 방식대로 침팬지들과 가까워질 수 있었다.

매일 나는 새벽 5시 30분에 울리는 자명종 소리에 일어났다. 나는 빵 몇 조각을 먹고 보온병에서 커피를 따라 마셨다. 그 다음 침팬지가 있을 만한 곳을 향해 떠났다.

나는 산꼭대기에 제일 자주 갔다. 이 높은 곳에서는 사방을 잘 볼 수 있었다. 침팬지들이 나무에서 움직이는 것을 볼 수 있었고, 그들이 소리를 지르면 그 소리를 들을 수 있었다. 나는 처음에는 망원경을 통해 멀리서 지켜볼 뿐 가까이 가려고 하지 않았다. 내가 가까이 가려 하면 침팬지들이 조용히 도망가 버릴 것임을 알았기 때문이다.

나는 서서히 침팬지가 사는 곳과 사는 방식에 대해 배우기 시작했다. 대부분의 경우 침팬지는 여섯 마리 또는 그보다 적은 수가 작은 무리를 이루어 돌아다녔다. 비비들이 커다란 떼를 이루고 지내는 것과는 대조적이었다. 작은 무리 하나는 어미 침팬지와 새끼 침팬지들, 혹은 수컷 침팬지 두세 마리로 이루어진 경우가 많았다. 때때로 여러 무리들이 합쳐지기도 했다. 특히 큰 나무에 맛있는 열매가 익어 있을 때 함께 모였다. 그렇게 모이면 침팬지들은 매우 흥분해서 시끄럽게 소리를 냈기 때문에 찾기 쉬웠다.

결국 나는 산꼭대기에서 지켜보고 있는 침팬지들이 하나의 공동체를 이루고 있다는 사실을 알게 되었다. 여기에는 약 50마리의 침팬지가 속해 있었다. 이들 침팬지들은 우리가 텐트를 친 카콤비 골짜기 북쪽에 있는 세 개의 골짜기와 남쪽에 있는 두 개의 골짜기를 누비고 다녔다. 북쪽의 골짜기들에는 카사키라, 린다, 루탕가, 그리고 남쪽 골짜기에는 음켄키와 냐상가 등의 듣기 좋은 이름이 붙여져 있었다.

나는 산꼭대기에서 침팬지들이 어떤 나무에서 먹이를 얻는지 살펴보고, 그들이 떠나고 난 후에 골짜기를 기어 내려가 이들이 먹고 있던 잎사귀, 꽃, 또는 열매를 모았다. 나중에 이름을 확인해 보기 위해서였다. 나는 침팬지들이 주로 열매를 먹지만, 여러 종류의 잎사귀, 꽃, 씨앗, 그리고 줄기도 먹는다는 것을 알아냈다. 또한 침팬지들이 여러 종류의 곤충도 먹을 뿐 아니라, 때로는 짐승을 사냥해서 먹는다는 사실을 나중에 알게 되었다.

이처럼 서서히 여러 가지 사실을 알아가는 몇 달 동안, 침팬지들은 내가 별로 무서운 존재가 아님을 차차 알게 되었다. 그럼에도 불구하고, 90미터 정도까지 접근하기까지는 거의 1년이 걸렸다. 사실 90미터는 별로 가까운 거리가 아닌 데도 말이다. 비비들이 훨씬 더 빨리 내게 적응했다. 비비들은 우리가 실수로 탁자에 놓아둔 음식을 모조리 가져가는 등 우리를 성가시게 했다.

나는 침팬지들과 함께 숲 속에서 살고 있는 다른 동물들에 대해서도 더 많은 것을 알게 되었다. 비비 외에도 네 종류의 원숭이들이 있었다. 다람쥐와 몽구스 등 여러 작은 동물들도 있었다. 또한 고슴도치, 사향고양이(아메리카너구리와 비슷하게 생겼다.), 그리고 여러 종류의 쥐와 생쥐 등 야행성 동물들도 있었다. 곰베 숲 속에 사는 동물들 중에서는 들소와 표범 등 극소수만이 위험한 동물이었다. 멧돼지도 위험할 수 있으나 이들은 자신이나 새끼를 해치려 할 때만 위험하다. 그리고 독사가 일곱 종류나 있었다.

동이 채 트기 전 아침 일찍 산꼭대기에 도착한 어느 날, 나는 어떤 커다란 동물의 어두운 그림자가 내 앞에 우뚝 서 있는 것을 보았다. 나는 가만히 서 있었다. 그 동물이 들소인 것을 알아채고 내 가슴은 빨리 뛰기 시작했다. 많은 사냥꾼들이 사자나 코끼리보다도 들소를 두려워한다.

다행히도 바람이 들소로부터 내가 있는 쪽으로 불고 있었기 때문에 그는 내 냄새를 맡을 수 없었다. 들소는 평온하게 반대편에서 되새김질을 하고 있었다. 나는 숲 속에서 가능한 한 조용히 움직이기 때문에, 그는 내가 다가오는 소리를 듣지 못했다. 그래서 그로부터 겨우 9미터 정도 떨어져 있었지만 들소는 내가 거기 있는지 전혀 몰랐다. 나는 아주 천천히 뒤로 물러났다.

한번은 내가 산꼭대기에 앉아 있었는데 이상하게 야옹거리는 소리를 들었다. 나는 돌아보고 14미터 정도 떨어진 곳에서 표범 한 마리가 다가오는 것을 보았다. 높은 풀숲 위로 얼룩덜룩한 꼬리 끝을 겨우 볼 수 있었다. 표범은 내가 앉아 있는 자리로 나 있는 작은 오솔길을 따라 걸어오고 있었다.

표범이 상처를 입지 않은 한 대개는 위험하지 않다. 그러나 나는 그 시절에는 표범을 두려워했다. 아마 2년 전 표범과 울프하운드 개의 사건을 목격했기 때문이었을 것이다. 그래서 나는 조용히 몸을 피해 다른 골짜기에서 침팬지를 관찰했다.

그 후 산꼭대기로 되돌아가 보았다. 나는 표범이 다른 고양잇과 동물과 마찬가지로 매우 호기심이 많다는 사실을 알게 되었다. 내가 앉아 있던 바로 그곳에 표범은 그의 자취, 즉 변을 남겨 놓았다.

그러나 대부분의 경우, 산꼭대기에서 밤을 지새는 나를 방해하는 것은 고작해야 벌레들뿐이었다. 산꼭대기가 마치 집처럼 편안하게 느껴지기 시작했다. 나는 작은 양철 상자를 산 위에 옮겨 놓고, 그 안에 주전자, 설탕, 커피, 그리고 양철

컵을 넣어 두었다. 그 뒤 다른 골짜기로 가는 도중 피곤해지면 낮에 마실 것을 그곳에서 만들 수 있었다. 그곳에 담요도 놓아 두었다. 침팬지들이 산꼭대기 근처에서 잘 때면, 나도 아침에 깨어났을 때 침팬지 근처에 있고 싶어서 그곳에서 잤다. 나는 밤에 거기 있는 것이 너무도 좋았다. 특히 달이 떠 있으면 더욱 좋았다. 표범의 쿵쿵거리는 소리를 들으면 나는 그냥 기도하고 머리 위로 담요를 뒤집어썼다!

침팬지는 우리와 마찬가지로 밤새 잠을 잔다. 나는 산꼭대기에서 침팬지가 어떻게 보금자리를 만드는지를 자주 지켜보곤 했다. 침팬지는 두 갈래진 나뭇가지 또는 두 개의 평행인 나뭇가지와 같은 튼튼한 기초 위에 나뭇가지를 구부려 대어 잠자리를 만든다. 나뭇가지를 발로 누른 상태에서 침팬지는 다른 나뭇가지 하나를 구부려 대었다. 그러고는 아래의 나뭇가지 끝을 위의 나뭇가지 위로 접었다. 그런 식으로 계속해서 잠자리를 만들고 나서 침팬지는 작고 보드라운 잎이 많이 달린 나뭇가지를 여러 개 주워 베개를 만들었다. 침팬지는 편안한 것을 좋아한다! 해가 지남에 따라, 새끼들이 다섯 살이 되거나 또는 다음 새끼가 태어날 때까지 어미와 함께 보금자리에서 잔다는 사실을 알게 되었다. 그 뒤에는 다 큰 새끼는 자기의 보금자리를 스스로 만들어야 한다.

나는 해가 지기 전에는 절대로 캠프에 되돌아오지 않았

다. 그러나 산꼭대기에서 잠을 자는 날에도, 우선 어머니와 서녁 식사를 하러 캠프로 내려가 내가 그날 무엇을 보았는지 말씀해 드렸다.

어머니는 진료소를 차렸다. 어머니는 대부분 고기를 잡으며 사는 이 마을의 아프리카 인 누구에게나 아프면 약을 나눠 주었다. 한번은 어머니가 매우 아픈 한 노인을 치료해 주었다. 노인이 완쾌된 것에 대한 소문이 널리 퍼졌고, 이 놀라운 백인 여의사에게서 치료를 받기 위해 환자들은 때로는 몇 킬로미터나 되는 거리를 걸어왔다.

어머니의 진료소는 나에게도 도움이 되었다. 진료소 덕분에 마을 사람들은 우리가 그들을 돕길 원한다는 사실을 알게 되었다. 어머니가 네 달 후 집안일을 처리하기 위해 영국으로 되돌아가셨을 때, 아프리카 인들은 어머니 대신 나를 도와주고 싶어 했다.

물론 어머니는 나를 홀로 두고 가는 것에 대해 걱정하셨다. 도미니크는 뛰어난 요리사였고 좋은 말 상대였지만, 때로는 술에 흠뻑 취하기도 했다. 그는 믿음직스럽지가 못했다. 그래서 루이스는 하산을 빅토리아 호수로부터 불러 보트와 엔진을 돌보게 했다. 하산의 잘생긴 웃는 얼굴을 보는 것이 정말 좋았고, 어머니는 그가 도착하자 마음을 푹 놓으셨다.

물론 어머니가 떠나신 후 어머니가 보고 싶었다. 하지만 나는 외로울 시간이 없었다. 할 일이 너무도 많았다.

어머니가 떠난 지 얼마 지나지 않은 어느 날 저녁, 캠프로 돌아오자 흥분한 도미니크가 나를 맞았다. 그는 커다란 침팬지 수컷 한 마리가 캠프 마당에 자라고 있는 야자수의 열매를 한 시간이 넘도록 먹고 있는 것을 보았다고 했다. 그 후 그 침팬지는 나무에서 내려와 내 텐트로 가서, 내 저녁 식사로 놓아 둔 바나나를 가져갔다.

이것은 굉장한 소식이었다. 몇 달이 넘도록 침팬지들은 나를 보면 도망가곤 했는데 이제 한 마리가 실제로 내 캠프를 찾아오다니. 어쩌면 그는 다시 올지도 몰랐다.

그 다음날 나는 그가 다시 돌아올지도 몰랐기 때문에 그를 기다렸다. 아침 7시까지 누워 있다는 것이 얼마나 사치스럽게 느껴졌는지. 시간이 지남에 따라 나는 침팬지가 오지 않을지도 모른다는 염려가 들기 시작했다. 그러나 마침내 오후 4시쯤 되었을 때, 내 텐트 반대편에 있는 수풀에서 뒤척이는 소리가 나는 것을 들었다. 그리고 마당 건너편에 검은 그림자가 나타났다.

나는 그를 곧 알아보았다. 그는 텁수룩한 흰 턱수염이 난 잘생긴 침팬지 수컷이었다. 나는 그에게 데이비드 그레이비어드라는 이름을 붙여 주었다. 그는 매우 침착하게 야자수에 올라 야자 열매를 따 먹었다. 그리고 내가 그를 위해 차려 놓은 바나나를 먹었다.

그 나무에는 닷새 동안 먹을 만큼의 잘 익은 야자 열매가 남아 있었고, 데이비드 그레이비어드는 세 번 더 찾아와서 바나나를 잔뜩 얻어 갔다.

한 달 후 캠프에 있는 또 하나의 야자수의 열매가 익었을 때, 데이비드는 또다시 우리를 찾아왔다. 한번은 내 손에서 직접 바나나를 받아먹었다. 나는 믿을 수가 없었다.

그때부터 내 일은 수월해졌다. 어쩌다가 데이비드 그레이비어드를 숲 속에서 만나면, 그는 내가 주머니에 바나나를 숨기고 있는지 보기 위해 나에게 다가오곤 했다. 다른 침팬지들은 깜짝 놀라 바라보았다. 그들은 생각했던 것만큼 내가 위험한 존재가 아니라는 사실을 알게 되었다. 그들은 점차 내가 가까이 다가가는 것을 허용했다.

데이비드 그레이비어드를 관찰하다가 가장 신나는 사건을 목격할 수 있었다. 어느 날 아침, 산꼭대기 근처에서 데이비드가 흰개미 굴 앞에 웅크리고 앉아 있는 모습을 보게 되었다. 내가 보고 있는 동안 데이비드는 풀잎 하나를 꺾어 개미굴 속에 집어넣었다가 뺐다. 풀잎에는 흰개미가 잔뜩 매달려 풀잎을 물어뜯고 있었다. 데이비드는 개미를 입술로 풀잎에서 훑어 내 씹어 먹었다. 그런 식으로 그는 개미를 계속 잡았다. 사용하던 풀잎이 꺾어지자, 그는 풀잎을 버리고 작은 나뭇가

◐ 데이비드그레이비어드.

◐ 데이비드그레이비어드와 나.

지를 주워 잎을 뜯어내고 그것을 사용했다.

　나는 무척 흥분했다. 데이비드는 무엇인가를 도구로 사용한 것이다! 그는 흰개미를 잡기 좋게 나뭇가지를 변형시켰다. 그는 실제로 도구를 만들었다! 이 관찰이 있기 전에, 과학자들은 인간만이 도구를 만들 수 있다고 생각했다. 그 뒤로 나는 침팬지가 인간을 제외한 그 어떤 동물보다도 많은 물건을 도구로 사용한다는 사실을 알게 되었다. 이 발견은 어느 누구보다도 루이스를 흥분시켰다.

　10월이 되자 건기가 끝나고 비가 내리기 시작했다. 곧 황금빛 언덕은 풀밭으로 뒤덮이게 되었다. 꽃이 피고 대기는 아름다운 향기를 풍겼다. 보통은 비가 조금만 내렸지만 가끔은 소나기가 퍼부었다. 나는 비가 올 때 숲 속에 나가 있는 것이 너무도 좋았다. 선선한 저녁때는 텐트를 단단히 잠그고, 폭풍우용 랜턴을 가지고 텐트 속을 아늑하게 만들어 놓기를 좋아했다. 유일한 문제는 모든 물건이 축축해져서 곰팡이가 스는 것이었다. 때로는 전갈과 독이 있는 거대한 지네가 텐트 속에 나타났다. 몇 번은 뱀까지 나타났다. 그러나 운이 좋아서, 한 번도 벌레에 쏘이거나 뱀에 물리지 않았다.

　침팬지들은 빗속에서 비참해 보일 때가 많았다. 그들은 추워 보였고 벌벌 떨었다. 도구를 사용할 정도로 똑똑한 침팬지들이 비를 피할 장소를 만드는 것을 배우지 않는 것은 이상

했다. 여러 마리가 기침을 하거나 감기가 들었다. 비가 심하게 올 때면 침팬지들은 기분이 나빠 보였고, 쉽게 화를 냈다.

한번은 소나기가 올 때 깊은 숲을 지나고 있는데, 침팬지 한 마리가 내 앞에서 몸을 구부리고 있는 것이 보였다. 나는 재빨리 멈췄다. 그때 나는 위에서 무슨 소리를 들었다. 위를 보자 거기에도 커다란 침팬지 한 마리가 있었다. 그는 나를 보자 "와." 하고 커다랗게 고함을 질렀다. 침팬지는 자신이 위험을 느끼는 동물을 위협할 때 이같이 등골을 오싹하게 하는 고함을 지른다. 나는 내 오른편으로 나뭇가지를 흔들고 있는 커다란 검은 손과, 숲 사이로 노려보는 번쩍이는 눈을 보았다. 그때 뒤에서 사나운 "와." 하는 소리가 또 한번 났다. 위쪽에서 커다란 수컷이 나무를 흔들기 시작했다. 나는 포위되었다. 나는 가능한 한 위협적으로 보이지 않기 위해 웅크리고 앉았다.

갑자기 침팬지 한 마리가 나를 향해 곧바로 달려왔다. 침팬지는 화가 나서 털이 곤두서 있었다. 마지막 순간 침팬지는 옆으로 방향을 비껴 달려갔다. 나는 가만히 있었다. 근처에 있던 두 마리의 침팬지도 달려갔다. 그 다음 나는 갑자기 홀로 있음을 알게 되었다. 침팬지가 모두 사라진 것이다.

그제야 나는 내가 얼마나 겁에 질려 있었는지를 알게 되었다. 일어서자 다리가 후들후들 떨리고 있었다. 침팬지 수컷은 몸을 펴도 키가 겨우 1.2미터 정도지만 다 큰 남자보다 적어도 세 배는 힘이 세나. 그리고 그때 나는 겨우 41킬로그램밖에 나가지 않았다. 나는 산 속을 오르내리면서 하루에 한 끼밖에 먹지 않았기 때문에 매우 마른 상태였다. 그 사건은 침팬지들이 나에 대한 초기의 두려움은 잊었지만, 아직 나를 숲 속 세계의 일부로 침착하게 받아들이지는 않은 때에 일어났다. 나는 만일 그들 중에 데이비드 그레이비어드가 있었더라면 그런 식으로 행동하지 않았을 것이라고 생각했다.

숲 속에서 긴 하루를 보내고 나면 저녁 식사가 기다려진다. 도미니크는 내가 저녁때 돌아오면 항상 식사 준비를 해 놓았다. 그는 한 달에 한 번씩 하산과 함께 키고마에 갔다. 그들은 신선한 야채, 과일, 달걀을 비롯한 물품을 가지고 돌아왔다. 그들은 또한 내가 무척 기다리는 우편물을 가지고 왔다.

저녁 식사가 끝나면, 나는 하루 동안 침팬지를 관찰한 모든 것에 대해 휘갈려 써 놓은 조그만 공책을 꺼내곤 했다. 그리고 나는 그 날 관찰한 모든 것을 또박또박 일지로 정리했다. 매일 저녁 기억이 생생할 때 기록하는 것이 매우 중요했다. 침팬지 근처에서 자려고 되돌아가는 날에도 나는 항상 일지를 먼저 썼다.

몇 주가 지나자 나는 서서히 침팬지 한 마리 한 마리를 알아볼 수 있게 되었다. 나는 골리앗, 윌리엄, 늙은 플로 등을 잘 알게 되었다. 데이비드 그레이비어드가 이따금 그들을 캠프로 데려오곤 했기 때문이었다. 나는 침팬지들이 올 때를 대비해 항상 바나나를 준비해 두었다.

침팬지와 가까이에서 얼마 동안 같이 지내고 나면 같은 반 친구들처럼 쉽게 구별할 수 있다. 얼굴도 다르게 생겼고 성격도 다르다. 예를 들면 데이비드 그레이비어드는 문젯거리를 피하고 싶어 하는 침착한 침팬지였다. 그러나 그는 또한 자기 뜻대로 하려는 성질이 강했다. 만일 캠프에 왔을 때 바나나가 없으면 내 텐트에 들어와 뒤졌다. 데이비드가 다녀가면 내 텐트는 엉망진창이 되었다. 마치 도둑이 한바탕 털고 간 것 같아 보였다. 골리앗은 훨씬 흥분을 잘하는 과격한 성미를 지녔다. 긴 얼굴을 한 윌리엄은 소심하고 수줍음을 탔다.

늙은 플로는 쉽게 알아볼 수 있었다. 그녀의 코는 주먹코였고 귀는 너덜너덜했다. 그녀는 내가 피피라고 이름 붙인 여자 아기와 어린 아들 피건을 데리고 캠프로 왔다. 때로는 청년이 다 된 아들 파벤도 왔다. 나는 플로를 통해 야생 상태의 침팬지 암컷은 오륙 년 만에 한 번 새끼를 낳는다는 사실을 처음으로 알게 되었다. 나이 든 자녀들은 독립하고 난 후에도 어미와 많은 시간을 보내고, 가족 일원들은 서로를 돕는다.

플로는 또한 침팬지 암컷이 수컷 한 마리하고만 짝을 짓지 않는다는 사실을 가르쳐 주었다. 하루는 엉덩이가 분홍빛으

피피가 바나나를 찾고 있다. 종종 우리는 셔츠 밑에 바나나를 숨겨 놓곤 했다.

로 부풀어 오른 플로가 캠프로 왔다. 그것은 짝 지을 때가 되었다는 것을 나타내는 표시였다. 수컷 여러 마리가 그녀를 뒤따라 왔다. 그중 여러 마리는 예전에 내 캠프에 와 본 적이 없어 겁에 질려 있었다. 그러나 플로에게 무척 끌렸기 때문에 두려움을 극복하고 그녀 곁에 붙어 있었다. 플로는 이들 모두와 각각 다른 때 짝짓기를 하였다.

침팬지들이 내 캠프를 방문하기 시작한 뒤 얼마 되지 않아, 루이스에게 내 연구비를 지원하고 있던 내셔널 지오그래픽 소사이어티가 다큐멘터리 영화를 만들기 위해 사진작가 한 명을 곰베로 보냈다. 휴고 반 라빅(Hugo van Lawick) 씨는 네덜란드 태생 남작이었다. 그는 나처럼 동물을 사랑하고 존중했으며, 훌륭한 영화를 만들었다. 우리는 1년 후 영국에서 결혼했다.

그때는 내가 케임브리지 대학교에서 공부를 하기 위해 잠시 곰베를 떠나 있을 때였다. 나는 무척 떠나기 싫었지만, 곧 돌아올 것을 알고 있었다. 나는 루이스에게 열심히 공부해서 박사 학위를 받겠다고 약속했다.

학위를 받고 나서 휴고와 나는 함께 곰베로 돌아왔다. 플로가 플린트란 새끼를 낳은 직후였기 때문에 무척 신나는 때였다. 내가 연구를 시작한 지 거의 4년이 지난 후에 가까이에서 볼 수 있었던 최초의 야생 침팬지 새끼였다.

플로는 바나나를 구하러 자주 캠프로 왔다. 이제 여섯 살이 된 피피와, 피피보다 다섯 살 위인 피건도 항상 그녀와 함께 있었다. 피피는 자신의 어린 남동생을 무척 좋아했다. 플린트가 4개월이 되자 피피는 플린트와 함께 놀고 그를 돌볼 수 있게 되었다. 플로는 숲 속에서 이동할 때 이따금 피피가 플린트를 안도록 허락했다. 그때 피피는 좋은 엄마가 되는 방법을 많이 배웠다.

플린트는 6개월이 되자 걷고 나무에 기어오르는 것을 배웠다. 플린트는 또한 옮겨 다닐 때 항상 엄마 배에 매달리는 대신에 등에 업히는 것도 배웠다. 그는 점점 두 형과 더 많은 시간을 보내기 시작했다. 형들은 언제나 그를 매우 부드럽게 다루었다. 무리에 있는 다른 나이 어린 침팬지들도 플린트에게 부드럽게 대했다. 아마도 그럴 수밖에 없었을 것이다. 플로는 다른 침팬지들이 플린트에게 너무 거칠게 대한다고 느끼면, 그들에게 다가가서 그들을 위협하거나 심지어는 공격하기도 했다.

나는 플린트가 침팬지들이 서로 의사소통을 하기 위해 사용하는 갖가지 소리와 몸짓을 배워 가는 것을 관찰했다. 이들 몸짓 중 일부는 인간이 사용하는 것과 똑같다. 손을 잡는 것, 껴안는 것, 입맞춤, 등을 가볍게 두드리는 것 등이다. 이런 몸짓의 의미는 우리 몸짓의 의미와 비슷하다. 침팬지가 내는 소리는 인간의 단어처럼 모여서 언어를 이루진 않지만, 멀리 떨어져 있어도 어떤 일이 벌어지고 있는지 알게 해 준다. 각 소리는 뭔가 다른 것을 의미하는데, 그들은 적어도 30개 이상의 소리를 사용했다.

플로는 그녀의 무리에서 우두머리 암컷이었기 때문에 다른 암컷보다 우세했다. 그러나 수컷들에게 함부로 대하진 못했다. 침팬지 사회에서는 수컷이 암컷보다 우세하다. 수컷들 사이에서도 서열이 존재하는데, 우두머리 수컷이 대장이다.

내가 첫 번째로 알게 된 우두머리 수컷은 골리앗이었다. 그 후 1964년 마이크가 그 자리를 차지했다. 그는 머리를 써서 우두머리가 되었다. 그는 내 캠프에서 빈 석유통을 한두 개 가져가 다른 수컷들 앞으로 달려가면서 그것을 굴리고 발로 찼다. 굉장한 소동이었고 매우 시끄러웠다. 다른 침팬지들은 달아났다. 그래서 마이크는 우두머리가 되기 위해 싸울 필요가 없었다. 마이크는 체구가 매우 작았기 때문에, 이것이 그에게는 다행스러운 일이었다. 마이크는 그 후 6년 동안 우두머리 노릇을 했다.

다 큰 수컷들은 많은 시간을 함께 보낸다. 그들은 자기 영역의 경계선을 둘러보고, 다른 공동체에 속해 있는 침팬지를 만나면 공격하기도 한다. 이러한 싸움은 매우 치열하고 침팬지가 죽는 경우도 있다. 젊은 암컷의 경우에만 다른 공동체에 가도 다치지 않을 수 있다. 실제로 커다란 수컷들은 때로는 다른 곳에 가서 사는 암컷들을 자기 영토로 다시 데려가려고 찾아 나서기도 한다.

여러 달이 지나면서 나는 더욱 더 많은 것을 알게 되었다. 나는 침팬지를 관찰하면서 더욱 더 자세히 기록했다. 수첩에 정보를 적는 대신, 나는 소형 녹음기를 사용하기 시작했다. 녹음기를 사용하면 침팬지에게서 눈을 떼지 않고 관찰할 수 있었다. 하루가 지나고 나자 타자 칠 내용이 너무 많아 혼자서는 할 수 없다는 사실을 발견했다. 나를 도울 조수가 필요했다. 얼마 안 되어 더 많은 침팬지들이 캠프를 찾기 시작하자, 관찰하는 데도 도움이 필요했다.

항상 관찰하고 기록할 만한 놀라운 일들이 늘어났고, 모든 것을 기록해 놓기 위해 더 많은 사람들이 필요했다. 엄마와 나를 위한 작은 캠프는 6년이 지났을 때 학생들이 학위를 받기 위해 찾아와 자료를 수집할 수 있는 연구소로 변신해 있었다. 나는 연구소장이었다.

1967년에 특별한 일이 생겼다. 나에게는 일생에서 가장 중요한 사건이었다. 아기를 낳게 된 것이다.

아프리카 대자연에서

아프리카 인들은 내 아들의 이름을 심바(스와힐리 어로 사자)라고 지었어야 했다고 말한다. 그 이유는 다음과 같다. 아들이 태어나기 바로 전 나는 은고롱고로 분화구에서 휴고와 함께 캠핑을 하고 있었다. 이 분화구는 수백만 년 전 산꼭대기가 날아가 버린 커다란 화산 안에 있다. 지금 그곳은 풀밭과 나무, 호수, 그리고 몇 개의 작은 강들이 있는 약 40제곱킬로미터 정도의 땅이다. 그곳은 야생 동물로 유명한데, 특히 검은 갈기가 아름다운 사자가 유명하다.

어느 날 저녁, 휴고와 나는 요리사인 안얀고가 저녁 식사를 가져다주기를 기다리고 있었다. 갑자기 고요한 밤의 정적이 고함 소리로 깨어졌고, 마치 누군가가 솥과 냄비를 던지는 것처럼 쿵쾅 덜그럭 하는 소리가 울려 퍼졌다. 약간 조용하다가 다시 캔버스 찢어지는 소리, 고함 소리, 부딪히는 소리가 났다.

휴고는 무슨 일이 일어났는지 보려고 고개를 텐트 밖으로 내밀었다. 그러나 그는 곧 고개를 집어넣고 텐트 앞 지퍼를 채웠다. 그는 약간 창백해 보였다. "밖에 사자가 한 마리 있어." 그는 말했다. "우리와 랜드로버 차 사이에 있어."

초원에서는 항상 차를 텐트 가까이에 세워 놓아, 긴급 사태가 벌어지면 차 안으로 뛰어들 수 있게 한다. 만일 사자가 텐트와 차 사이에 있다면 그것은 매우 가까이 있다는 것을 의미했다.

"부엌용 텐트를 찢었을 거야." 휴고는 말했다.

"아니면 안얀고나 토마스의 텐트든지." 내가 말했다. 캠프에서 잔심부름을 하는 토마스는 안얀고 텐트 옆에 작은 텐트를 치고 있었다. 안얀고와 토마스의 텐트는 둘 다 부엌용 텐트 옆에 있었다.

사자가 우리의 텐트를 찢는다면 어떻게 할까? 우리는 작은 가스 스토브를 켜기로 했다. 만일 사자가 텐트 속으로 들어오려고 하면 신문지에 불을 붙여 사자 얼굴 앞에 흔들기로 했다.

우리는 얼마 후에 마구 달리는 발소리를 들었다. 차문이 열리고 꽝 하고 닫히는 소리가 들렸다. 거의 동시에 달리는 발소리가 또 들렸고, 다시 차문이 열리고 꽝 하고 닫혔다. 안얀고와 토마스는 안전하게 대피한 게 틀림없었다.

휴고는 텐트의 지퍼를 조심스럽게 열었다. 사자는 눈에 띄지 않았다. 휴고는 차 속으로 재빨리 들어갔다. 그는 차를 서서히 앞으로 몰았고 나도 차에 올라탔다. 안얀고와 토마스는 우리에게 사자 세 마리가 있다고 말해 주었다. 우리는 헤드라이트를 켜고 사자들을 찾아보았다. 우리는 곧 사자들을 발견했다. 갈기가 막 나기 시작한 어린 수컷들이었다. 우리는 사자들을 우리 캠프에서 쫓아내려고 시도해 보았다. 처음에 그들은 떠나고 싶어 하지 않았다. 사자들은 호기심을 보였고 약간 장난을 쳤다. 그러나 결국 그들은 밤의 어둠 속으로 사라졌다. 우리는 차를 몰아 캠프로 돌아왔는데, 맙소사! 우리 눈에 처음 띈 것은 불길이었다. 텐트 앞자락을 풀린 채로 놓아두었는데 바람이 불어 스토브에 닿은 것이었다.

다행히도 차 안에 소화기가 있었고 곧 불을 끌 수 있었다. 그리고 우리는 안얀고와 토마스로부터 이야기를 들었다.

안얀고는 우리의 저녁 식사를 막 나르려던 참이었다. 갑자기 그는 위를 보고 텐트 입구에 사자 머리가 있는 것을 보았다. 그는 크게 소리를 지르며 사자에게 냄비와 프라이팬을 던졌다. 사자 머리는 사라졌다. 안얀고는 자기의 작은 텐트에서 쉬고 있던 토마스에게 주의하라고 소리쳤다. 토마스는 빨리 텐트 문을 닫았다. 그러나 잠시 후 텐트 전체가 흔들렸고 텐트 옆이 북 찢겨 그를 겁에 질리게 했다. 사자의 머리가 찢어진 구멍 사이로 들어왔다. 토마스는 안얀고와 마찬가지로 눈에 띄는 모든 것을 침입자에게 던졌다.

다행스럽게도 사자들은 성내는 대신 어슬렁거리며 떠나버렸다. 안얀고는 어둠 속을 조심스럽게 살펴보며 아프리카인 특유의 날카로운 눈매로 세 번째 사자가 두 마리를 따라 텐트 뒤로 가는 것을 보았다. 그 사자가 바로 휴고와 나에게 왔던 사자였다. 바로 그때 안얀고와 토마스는 안전지대를 향해 달려가기로 결심했다. 그것은 매우 어리석은 생각이었다. 왜냐하면 사자들은 고양이들과 마찬가지로, 달리거나 빨리 움직이는 물체를 쫓아가는 것을 좋아하기 때문이다. 그러나 그들은 운이 좋았다. 도망치는 데 성공했기 때문이다.

당연히 찢기고 불에 탄 텐트에서는 잘 수 없었다. 우리는 저녁을 먹었다. 음식들은 그때까지도 여전히 따뜻했다. 그리고 약간의 필수품을 챙겨서 가까이에 있는 작은 오두막으로 차를 몰고 갔다. 우리는 그곳에 머문 적이 있었다. 그곳에 살던 젊은 부부가 얼마 전 떠났기 때문에 집이 비어 있다는 것을 알고 있었다. 오두막 앞으로 차를 몰고 오면서 검은 갈기를 한 커다란 사자 한 마리가 베란다에 있는 것을 보았을 때, 우리 기분이 어땠을지 상상해 보라. 그리고 오두막 뒤에는 암사자가 금세 잡은 영양을 뜯어먹고 있었다!

결국 수사자는 떠났다. 우리는 암사자의 신경을 거스르지 않고 가까스로 오두막에 들어갈 수 있었다. 그리고 안얀고와 토마스는 나무로 된 자그마한 부엌으로 들어가 밤을 보냈다.

오래지 않아 태어난 나의 아들을 심바라고 불러야 한다고 그들이 생각한 것도 무리는 아니었다. 한편, 내 아이는 가족이나 친한 친구들에게는 그럽으로 통하게 되었다. 이렇게 된 데에는 특별한 이유가 있는 것은 아니었다. 아들의 본명은 휴고 에릭 루이스(Hugo Eric Louis)이다.

그럽이 아주 조그만 아기였을 때, 휴고와 나는 은고롱고로 분화구에서 하이에나에 대해 연구하고 있었다. 아마 여러분은 하이에나가 게으르고 비겁한 청소부며, 사자들이 먹고 남은 찌꺼기나 기다리는 동물로 생각하고 있을 것이다. 그러나 그것은 믿을 것이 못 된다. 하이에나는 작은 동물뿐만 아니라 영양이나 얼룩말을 쫓는 훌륭한 사냥꾼이다. 종종, 특히 분화구에서는 실제로 그들이 사냥한 동물들을 사자에게 빼앗기기도 한다. 그럴 때마다 하이에나는 먹이를 빼앗기지 않으려고 애를 쓴다. 물론 하이에나는 사자들이 남긴 먹이를 먹기도 한다. 그러나 하이에나가 사자들이 다 먹을 때까지 늘 끈기 있게 기다리는 것만은 아니다. 만약 하이에나의 숫자가 충분하기만 하면 그들은 사자들을 쫓아내려고 하기도 한다.

하이에나는 실제로 매우 흥미로운 동물이다. 침팬지처럼 하이에나도 친한 몇 마리가 모여 작은 집단을 이루어 돌아다니며, 또 매우 독특한 개성과 매혹적인 행동 양식을 보여 준다. 침팬지와 마찬가지로 하이에나는 영토를 방어하는 동물이며, 외부에서 침입한 하이에나를 죽이기도 한다. 침팬지의 사회 행동과 비교해 가장 큰 차이점은 침팬지 세계에서는 수컷들이 우세한 데 비해 하이에나는 암컷들이 우세하다는 것이다.

나는 이러한 은고롱고로 하이에나를 연구하는 것을 좋아했다. 달이 뜨는 밤이면, 나는 우리의 캠핑 트레일러를 몰고 한두 마리의 어린 새끼가 있는 하이에나의 굴로 찾아가곤 했다. 그럴 때 그럽은 보통 뒷좌석에서 자고 있었다. 땅거미가 내려앉을 때면 조금 자란 다른 새끼들이 나타나기 시작한다. 어린 새끼들이 다른 곳으로 놀러갈 정도로 자라지 못했기 때문에, 좀 큰 새끼들이 어린 새끼들과 놀러 온 것이다.

달밤에 그런 굴 주변에서 벌어지는 일들은 무척이나 재미있다. 때때로 새끼들은 타조의 깃털이나 오래된 뼈 따위로 술

◐ 숲 속에서 그럽이 목욕하고 있다.
◐ 은고롱고로 분화구에서 텐트 치는 것을 돕고 있는 그럽.

래잡기를 하기도 한다. 새끼들은 장난으로 싸우기도 하고, 레슬링을 하거나 서로 물면서 엎치락뒤치락하기도 한다.

밤늦게 사냥이 끝나고 나면 어미 하이에나들은 굴을 다시 찾아온다. 어미들은 새끼들에게 젖을 먹이지만, 종종 큰 뼈를 가져오거나 사냥한 동물의 머리 전체를 가져오기도 한다. 그리고 미시즈 스팅크나 배지지 같이 매우 크고 뚱뚱한 어미들조차도, 축 처진 배를 땅에 끌며 새끼들이나 서로를 쫓아 빙글빙글 돌며 놀기도 한다.

내가 분화구 지역에서 몇 달을 지내고, 또 휴고가 들개를 촬영하기 위해 세렝게티에서 몇 달을 보내는 동안, 곰베에서는 다른 사람들이 침팬지들을 관찰하였다. 나는 거의 매일 그들과 무전기를 통해 계속해서 연락을 취했다. 또한 우리 가족은 자주 곰베로 찾아가 시간을 보냈다.

그러나 그럽이 어렸기 때문에 우리는 세심한 주의를 기울여야만 했다. 앞에서 말했듯이, 침팬지는 사냥꾼이다. 내가 곰베에 도착하기 수년 전에 침팬지들이 두 명의 아프리카 아기들을 잡아먹었다는 것을 알고 있었다. 당연히 이런 사실은 우리에게 충격으로 다가올 수 있다. 그러나 침팬지의 입장에서 보면, 비비의 새끼를 잡는 것이나 사람의 아기를 잡는 것은 아무런 차이가 없다. 서부나 중앙아프리카에 살고 있는 어떤 아프리카 부족들은 침팬지를 즐겨 먹는다.

은고롱고 분화구에서의 그럽.

어쨌든, 나는 아들이 곰베에 오면 항상 그 아이를 안전하게 보호하려고 온갖 주의를 다 기울였다. 그럽이 아직 걷지 못할 적에, 우리는 그 애를 위한 "우리"를 만들었다. 그 우리는 휴고와 내가 살던 작은 단칸방 안에 놓아두었다. 그것은 아들이 잘 수 있는 안전한 장소가 되어 주었다.

얼마 후 그럽이 걷기 시작했다. 더 이상 그럽을 그 안전한 우리에서 키울 수가 없었다. 그래서 우리는 침팬지들이 잘 돌아다니지 않는 호숫가에 새로 집을 짓고 그럽이 안전하게 놀 수 있도록, 커다랗고 안전 시설이 되어 있는 베란다를 만들었다.

그럽이 밖으로 나갈 때면 누군가가 항상 따라다녔다. 나도 종종 함께 다녔다. 그럽이 어렸을 때에는 침팬지와 관련된 작업들은 다소 지연되었다. 나는 거의 매일 침팬지 캠프에 들렀지만, 주로 학생들과 이야기를 하거나, 플로의 가족들과 다른 침팬지들을 보는 데 그쳤다. 그리고 나서 나는 해변의 집에 있는 사무실로 내려와서 연구 센터 운영에 관련된 모든 작업들, 예를 들어 보고서 작성이나 과학 잡지에 기고할 논문 작성, 작업을 계속하기 위한 연구비 청구 등을 계속했다. 나는 당시에 약 열두 명의 학생들과 조수들을 거느리고 있었는데, 할 일이 무척이나 많았다.

점심을 먹고 난 후에 남은 오후의 시간은 그럽과 보냈다. 우리는 산책을 하기도 하고, 책을 보고 이런저런 이야기를 나

올두바이 골짜기에서의 그럽과 나.

누기도 했다. 휴고와 나는 아들을 멀리 있는 학교로 떠나보내는 것을 원치 않았다. 그래서 우리는 그럽이 자라자 가정교사를 구했다. 그럽은 매일 오전 정규 수업을 받았다.

그럽이 일곱 살 되던 해 휴고와 나는 별거했고, 곧 이혼했다. 그의 직업인 촬영과 영화 제작 때문에 휴고는 돌아다녀야 했다. 하지만 나에게는 곰베에서 나의 모든 시간을 보내는 것이 중요했다. 우리는 여전히 좋은 친구로 남아 있지만, 그것은 특히 그럽에게 있어서는 슬픈 일이었다. 만일 내가 인생을 다시 살 수 있다면, 그 문제를 다른 방법으로 해결하기 위해 모든 노력을 다할 것이다.

휴고와 나는 둘 다 재혼했다. 나는 데릭 브라이슨(Derek Bryceson)이라는 영국인과 결혼했다. 그는 탄자니아 국립공원의 책임자였다. 데릭은 제2차 세계 대전 중에 전투기 조종사였는데, 당시 그는 허리케인을 조종하고 있었다. 열아홉 살 때 중동에서 추락한 이후로 그는 하반신이 거의 마비되었다. 그러나 큰 어려움이 있긴 했지만, 지팡이의 도움과 의지력으로 돌아다닐 수 있게 되었다.

곰베를 방문하기 위해서 데릭은 다르에스살라암의 자기 집에서 마이크 위스키라고 부르는 작은 4인승 단발 세스나를 타고 날아왔다. 그는 종종 직접 비행기를 몰기도 했지만, 비행기가 이륙하고 난 이후뿐이었다. 그는 착륙이나 이륙을 할 수 없었다. 비행기를 똑바로 고정시키거나 브레이크를 밟기 위해서는 다리와 빌을 사용해야 하기 때문이다. 그럽과 나는 탄자니아의 다른 국립공원들을 보러 가기 위해 데릭과 같이 비행기를 타기도 했다.

하루는 우리가 루아하라는 아름다운 야생 공원에 가기 위해 다르에스살라암에서 비행기를 탔다. 데릭과 조종사는 앞자리에 함께 앉아 있었다. 갑자기 그들은 무언가 끔찍한 것을 목격했다. 한줄기 작은 연기가 계기판에서 솟아오르고 있었던 것이다. 그때 우리는 울퉁불퉁한 들판 위로 날고 있었는데, 루아하의 수풀에 있는 활주로에 도착하기 전까지 착륙할 만한 장소가 없었다. 활주로까지는 아직 45분이나 더 가야 했다.

데릭은 우리에게 초조해 하지 말라고 말했다. 우리는 다른 일들에 대해 얘기했다. 그러나 그 연기는 사그라지지 않았다. 그렇다고 더욱 악화되지도 않았다.

마침내 우리는 루아하에 도착했다. 조종사는 착륙하기 위해 하강했지만, 한 떼의 얼룩말이 활주로를 가로막고 있었다. 그래서 그는 다시 하늘에 떠 선회하였다.

이날 왜 조종사가 갑작스레 용기를 잃었는지, 모든 것이 끝난 지금도 알 수 없다. 선회하여 활주로에 착륙하지 않고 조종사는 루아하 강변의 나무 숲 사이에 착륙하려고 시도했던 것이다. 쾅! 우리는 땅에 부딪혔다. 날개 한쪽이 나무를 세게

다르에스살라암에 있는 집의 베란다에 앉아 있는 그럽과 데릭.

치고 지나갔다. 우리는 원을 그리며 돌았다. 비행기는 덤불숲에 처박혔고, 다른 나무에 크게 부딪혔다. 마침내 우리는 멈추었다. 조종사는 문을 열고는 창백해져서 "빨리 나오세요! 비행기에 불이 붙었어요."라고 외치며 사라져 버렸다. 나는 그럽에게 그를 따라가라고 했다. 그러나 데릭이 앉아 있던 쪽의 문은 5센티미터 정도 열리다가 땅에 부딪히는 것이었다. 그 방향의 바퀴가 찌그러져서, 비행기는 아주 위험한 각도로 기울어져 있었다. 그 때문에 반대 날개는 하늘로 높이 치솟아 있었다.

잠시 동안 나는 공포에 휩싸였다. 도대체 어떻게 해야 다리를 거의 쓰지 못하는 데릭이 비행기가 폭발하기 전에 밖으로 나올 수 있을까? 그러자 그가 폭발은 없을 것이라며 진정하라고 말했다. 그러고는 천천히 몸을 일으켜 반대쪽 문으로 겨우 빠져 나왔다.

비행기에서 빠져나온 후 루아하 강 건너편에 있는 공원 관리 본부에 가기 위해서는 강을 건너야만 했다. 페리 편으로 오는 차를 기다릴 수도 있었지만, 차를 타는 곳은 상류 쪽으로 30분 거리에 있었다. 그래서 강에 큰 악어가 살고 있음에도 불구하고, 우리는 위험을 감수하고 강을 걸어서 건너기로 결정했다. 무엇보다도 하나님이 우리에게 그 사고에서 살아남기를 허락하셨다면, 분명히 악어가 우리를 해치도록 허락하지는 않으셨을 것이었다. 분명히 하나님은 그것을 허락하지 않았다.

우리는 휴게소에 흠뻑 젖고 지친 채로 도착했다. 그러나 우리 모두는 아무런 해 없이 살아 있음을 감사드렸다. 그제야 이전의 충격으로 인해 다리가 떨리기 시작했다. 우리는 앉아서 맛있고 뜨거운 진한 차를 마실 수 있어 모두 기쁘기 그지없었다.

탄자니아의 아름다운 공원에 다녀온 것은 멋진 경험이었다. 나는 여러 종류의 동물들에 대해 많은 것을 배웠다. 그러나 나는 여전히 미국이나 유럽으로부터 찾아온 학생들과 함께, 그리고 침팬지들과 함께 곰베에서 대부분의 시간을 보내고 있었다. 학생들은 석사나 박사 학위 준비를 위해 자료 수집을 하거나 나의 관찰을 도왔다.

1975년 어느 날 밤, 몇 명의 아프리카 반군들이 자이르에서 모터보트를 타고 호수를 건너와, 곰베에서 작업 중이던 학생 네 명을 포로로 잡아갔다. 반군들은 학생들을 묶어서 호수 저편으로 데려갔다.

그것은 무척이나 끔찍한 일이었다. 우리는 오랫동안 그들이 잡혀간 곳을 알지 못했다. 그들이 살아 있는지조차도 알 수 없었다. 우리 모두는 곰베를 떠나 탄자니아의 수도인 다르에스살라암으로 가야만 했다. 그럽과 나는 인도양 해변에 있는 데릭의 집에서 데릭과 만났다. 많은 학생들이 우리의 작은 손님용 숙소에서 북적거리고 있었다. 무슨 일이 일어날지를 기다리는 것은 끔찍한 일이었다. 마침내 비밀 협상이 있었고, 반군들에게 거액의 몸값을 지불한 후에 학생들은 풀려나게 되었다.

이 기다림의 몇 주 동안, 데릭과 나는 침팬지들을 관찰하고 있던 탄자니아 현지 직원들을 격려하기 위해 곰베를 두 번이나 다녀왔다. 그들은 아주 잘하고 있었지만, 처음에는 많은 지도와 도움이 필요했다. 데릭이 없었다면 침팬지에 대한 연구는 그때 끝났을지도 모른다.

데릭은 귀화한 탄자니아 인이었다. 그는 스와힐리 어를 영어만큼이나 잘했다. 키고마 관리들과 나의 현지인 직원들을 포함해서, 거의 모든 탄자니아 인들이 그를 좋아하고 또한 존경했다. 그는 내가 새로운 연구 센터를 세우는 것을 도와주었는데, 그곳에서는 거의 모든 관찰을 탄자니아 현지인 직원들이 했다.

다음 해에 그럽은 아홉 살이 되었다. 그는 외할머니와 지내기 위해 영국에 갔고, 집 근처의 학교에 다녔다. 그럽은 내가 열두 살 때쯤부터 지내던 방에서 잠을 잤다. 나는 그럽이 자기 아버지와 지낼 때를 제외하고는 휴일마다 그 애와 함께 지냈다.

플로와 그 가족들

1960년에 처음 곰베에 와서 일하기 시작한 이래로, 나는 많은 침팬지들을 알게 되었다. 그중 몇 마리는 단지 조금밖에 알지 못했다. 그것은 그들이 수줍음을 타서 내가 자주 볼 수가 없었거나, 내가 그들을 처음 본 후 얼마 지나지 않아 죽어 버렸기 때문이었다. 어떤 침팬지들과는 매우 친해졌다. 침팬지가 인간과 매우 흡사해서 각각이 자신만의 독특한 성격을 가지고 있기 때문에, 그중에는 내가 별로 좋아하지 않는 침팬지와 그

저 그런 침팬지, 그리고 정말로 좋아하는 침팬지가 있었다.

나는 늙은 플로를 무척 좋아했다. 플로는 연구 초기부터 나의 캠프에 자주 찾아왔기 때문에, 나는 플로의 가족과 함께 시간을 보내면서 침팬지의 행동에 대해 많은 것을 배울 수가 있었다. 플린트가 태어난 1964년, 플로는 우두머리 암컷이었다. 침팬지 사회에서 다 자란 수컷은 언제나 암컷보다 우세하다. 플로는 주위의 수컷들을 제압할 수는 없었지만 다른 암컷들과 어린 수컷들을 휘두를 수는 있었다. 플로는 플린트가 자신의 도움을 필요로 하면 언제든지 플린트를 보호하기 위해 저돌적으로 덤벼들었다. 게다가 플로의 나머지 가족들(피피뿐만 아니라 피건이나 심지어 다 자란 파벤까지도)도 어린 플린트를 보호하는 데 도움을 주었다. 플린트는 매우 자신만만해졌다. 플린트는 자기보다 나이 많고 힘센 침팬지들을 위협하곤 했다. 자신에게 앙갚음을 하려고 대들면, 엄마, 누나, 혹은 형들 중 누군가가 자신을 도와주기 위해 달려올 것이라는 것을 알고 있었기 때문이었다. 네 살이 되었을 때, 플린트는 그야말로 "버릇없는 자식"이 되었다.

그즈음 플로가 플린트로 하여금 젖을 떼게끔 행동하기 시작했다. 플린트가 젖을 빨고 싶어 하면 플로는 그를 밀쳐 버렸다. 이동 중에 플린트가 플로의 등에 뛰어 오르면 플로는 아들을 흔들어 떨어뜨려 버렸다. 다른 새끼들과 마찬가지로 플린

흰개미를 잡아먹고 있는 플로.

트도 젖을 뗄 때는 동안에 속상해 했다. 성질을 부리며 마구 달려들기도 하고, 숨이 막힐 때까지 울부짖기도 했다. 심지어 어미를 때리고 물기까지 했다. 사실, 플린트가 너무나 난폭했기 때문에 플로는 다음 새끼가 태어날 때까지 젖을 뗄 수가 없었다.

대부분의 새끼들은 자기 동생이 태어날 때쯤이면 자신만의 잠자리를 만들기 시작한다. 그러나 플린트는 플로와 새로 태어난 여동생 플레임이 있는 곳으로 자꾸 파고들었다. 플로가 플린트를 막으려고 하면, 플린트는 플로가 포기할 때까지 울부짖었다. 플린트는 어린 플레임이 배에 매달려 있을 때조차도 플로의 등에 올라타고 다니려고 했다. 플로의 관심이 이제는 새로운 새끼에게로 가자, 플린트는 속상해 하고 좌절했다. 그는 마치 질투심 많은 사람 아이처럼 굴었으며, 동생을 밀치고 들어와서 어미의 젖을 함께 빨려고 했다. 플로가 플린트를 제지하려고 하면(플로에게는 플린트에게까지 줄 만큼 젖이 충분하지 않았기 때문에) 그는 몹시 시무룩해지곤 했다. 플로가 새끼의 털을 골라 주고 있으면 플린트는 종종 어미의 팔을 끌어당겨서 대신 자신의 털을 골라 달라고 칭얼대곤 했다. 그러나 플린트가 어린 여동생에게 못되게 군 적은 결코 없었다. 실제로 그는 여동생과 놀아 주기도 했고, 이리저리 데리고 다니기도 했다.

그러던 어느 날 우리는 여섯 달 된 새끼 플레임이 사라진

플로, 피피, 그리고 나.

것을 발견했다. 그때 플로는 심하게 앓고 있었다. 플로는 너무나 허약해져서, 나무를 기어오를 수조차 없어 땅 위에 누워 있었다. 우리는 새끼 플레임에게 어떤 일이 일어났는지 전혀 알 수가 없었다. 아마도 플로에게서 병이 옮아서 죽은 것 같았다. 다행히도 플로는 건강을 되찾았다. 그리고 어미의 관심을 독차지할 수 있게 된 플린트는 이전의 쾌활한 성격을 금방 다시 찾았다. 하지만 플린트는 여전히 플로의 잠자리에서 함께 잤고, 등에 올라타기도 했으며, 끊임없이 털을 골라 달라고 플로에게 칭얼거렸다. 그때마다 플로는 언제나 플린트의 말을 들어주었다.

보통의 침팬지 수컷은 여덟 살이 되면 어미를 떠나 다 자란 수컷들과 함께 다니면서, 어른이 되었을 때 필요한 이런저런 일들을 배우기 시작한다. 그러나 플린트는 가엾게도 여전히 플로에게 의지하고 있었다. 플로는 무척이나 늙어 보였다. 이때쯤 플로는 아마도 오십이 다 된 나이였을 것이다. 이빨은 닳아서 잇몸만 남았고, 털은 가늘어졌을 뿐만 아니라 윤기 나는 검은색은 없어지고 갈색을 띠고 있었다. 플로는 마치 작고 늙은 여자처럼 움츠러들어 연약하게 보였다. 플린트가 플로의 등에 타려고 할 때면, 플로는 쓰러지곤 했다. 그래서 플린트는 걸어다녀야만 했다. 그러나 플린트는 여전히 밤에 플로와 함께 잤다. 플로가 허약해서 다른 침팬지들을 따라다닐 수 없었기 때문에, 플로와 플린트는 많은 시간을 둘이서만 보내야 했다. 플린트가 없었더라면 그녀의 노년은 무척 외로웠을 것이다.

1972년, 늙은 플로가 죽었다. 나에게는 너무도 슬픈 일이었다. 나는 아주 오랫동안 플로를 알고 지냈고, 그녀는 내게 참으로 많은 것을 가르쳐 주었다. 플로는 맑고 물살이 센 카콤비 개울가에 쓰러져 죽어 있었다. 그녀는 매우 평화로워 보였다. 플로의 늙은 가슴이 갑자기 뛰는 것을 멈춘 것처럼 보였다. 나는 플로를 내려다보면서, 아주 오랜 친구를 잃었다는 사실, 그리고 다시는 곰베가 전과 같지 않을 것이라는 사실을 깨닫게 되었다.

플린트에게 있어 어미의 죽음은 결코 회복할 수 없을 정도의 심각한 타격이었다. 엄마를 잃은 그에게는 더 이상 세상을 살아갈 의지조차 없는 것 같았다. 의기소침해지고 비참해진 플린트는 플로의 시체가 있는 냇가의 둑에 앉아 있었다. 때때로 어미를 보려고 아래로 내려가, 필사적으로 살아 있다는 증거를 찾는 것처럼 보였다. 플린트는 플로를 쳐다보고, 이따금 플로의 팔을 당겨서 털을 골라 자신을 편안하게 해 달라고 조르는 것처럼 보였다. 일생 동안 플로가 그에게 해 주었듯이……

그러나 플로는 조금도 움직이지 않았다. 플로의 몸은 조용히, 싸늘하게 식은 채로 뉘어 있었고, 결국 플린트는 떠나 버렸다. 플린트는 절망에 빠졌다. 그는 거의 아무것도 먹지 않았고, 언제나 혼자서 지냈다. 이렇게 슬퍼하다가 플린트는 병에 걸리고 말았다. 이러한 일은 우리가 매우 불행해질 때 가끔 일어난다. 몸의 면역 기능이 약해지기 때문이다.

우리는 플린트를 도우려고 애썼다. 먹이를 주고, 플린트가 외로움을 느끼지 않게 하려고 곁에 머물러 있었다. 그러나 아무런 효과가 없었고, 플로가 죽은 지 약 3주일 만에 플린트마저 죽고 말았다. 어미인 플로는 너무 나이가 들어 버릇없는 플린트를 독립적인 어른으로 키울 수가 없었기 때문에, 플린트는 플로 없이 삶을 헤쳐 나갈 수 없었던 것 같다.

물론 피피는 자기의 남동생을 도와주려 했다. 하지만 그때에는 이미 피피에게도 새끼가 있었다. 플린트가 플로가 죽은 장소에서 떠나지 않으려 했기 때문에, 피피도 그를 두고 떠날 수밖에 없었다. 피피와 그녀의 한 살 된 아들 프로이드도 먹을 것을 찾아야 했기 때문이다.

침팬지들 중에도 훌륭한 어미가 있고 그렇지 못한 어미가 있다. 플로가 너무 늙기 전까지는 훌륭한 어미였듯이, 피피도 참으로 좋은 어미였다. 피피는 정이 많고 새끼를 잘 돌보는, 참을성 많고 쾌활한 어미였다. 피피가 보여 주는 몇 가지 행동들은 유전된 것, 즉 본능적인 것들이었다. 어떤 것들은 플로

◐피피가 프로도와 놀고 있다.
◐피피와 패니.

가 플린트와 플레임을 키우는 것을 보고 배운 것이다. 또 어떤 것들은 피피가 어릴 적 플린트를 봐 주면서 얻어진 것이다. 물론 그녀는 다른 어미들이 자기 새끼를 키우는 것을 관찰하기도 하고, 그녀들의 새끼를 데리고 다니거나 털을 골라 주며 배우기도 했다.

프로이드가 다섯 살 때에 프로이드의 남동생인 프로도가 태어났다. 프로이드는 프로도에게 온통 마음을 빼앗겼다. 프로이드는 프로도와 함께 놀아 주고, 프로도를 데리고 다녔다. 마치 12년 전 피피가 새로 태어난 동생에게 하던 것 같았다. 프로도는 큰형인 프로이드가 하는 모든 행동을 유심히 보고 따라하려고 했다. 항상 프로이드를 흉내 내려고 했기 때문에, 프로도는 매우 조숙했다.

프로도가 다섯 살 되던 해에 피피는 딸 패니를 낳았다. 프로이드가 프로도에게 그랬던 것처럼, 프로도는 패니에게 정신을 빼앗겼다. 그러나 프로도는 패니와 놀 때 종종 꽤 거칠게 굴었다. 아마도 커서 싸움꾼이 될 조짐이었던 것 같다. 다행히도 패니는 상당히 야무진 꼬마여서, 오빠가 자기를 질질 끌고 다니거나 나무에서 떨어뜨려도 별로 신경 쓰지 않는 것 같았다. 패니가 네 살 반이 되었을 때 여동생 플로시가 태어났다. 물론 패니는 기꺼이 동생과 놀아 주고 돌봐 주었다. 그때쯤 맏이인 프로이드는 이미 다 자란 수컷이었다. 그러나 프로이드는 여전히 그의 가족과 시간을 보냈고, 종종 어린 여동생들과 친절히 놀아 주었다.

어린 동생들이란 때때로 아주 쓸모가 있다. 한번은 내가 피피의 가족과 함께 있을 때, 좀 멀리 떨어져 있던 한 무리의 수컷들이 소리를 질러 그들을 불렀다. 프로이드는 그곳에 가 보고 싶었지만, 피피는 그들과 어울리고 싶지 않았다. 프로이드는 꽤 큰 다음에도 엄마 없이는 아무데도 가려고 하지 않았으나 그날만은 꼭 가 보고 싶었다. 프로이드가 어떻게 했을까? 프로이드는 혼자서 놀고 있는 플로시를 가만히 움켜잡고는, 플로시를 배에 매달리게 한 채 수컷들 사이로 갔다. 그러자 피피는 따라갈 수밖에 없었다. 그의 계략을 웃으며 보고 있노라니 플린트가 어린 새끼였을 때 열여덟 살 먹은 파벤이 한 짓이 생각났다. 그때 플로는 흰개미를 잡아먹느라 정신이 없었고, 파벤은 그곳을 떠나고 싶어 견딜 수 없었다. 파벤은 프로이드와 마찬가지로 자기 엄마와 함께 떠나고 싶었기 때문에, 프로이드와 똑같은 방법을 썼던 것이다.

곰베에 있을 때, 나는 자주 피피의 가족을 따라다녔다. 나는 피피의 가족이 전날 어디서 잠들었는지 알아내면, 아직 날이 어두울 때 일어나서 날이 밝기 시작할 때쯤엔 그들의 잠자리에 다다랐다. 그리고 나서 나는 하루 종일 피피 가족을 따라 숲 속을 다니곤 했다. 하지만 오랜 시간 동안 침팬지를 따라다닌다는 것은 쉬운 일이 아니다. 덤불이 울창하게 우거져 있고, 그나마 사람들이 일어선 채로 다닐 수 있는 몇 안 되는 오솔길로는 침팬지들이 좀처럼 다니지 않는다. 침팬지들은 자신들의 길을 따라 엉킨 가시덤불을 헤치며 손쉽게 돌아다닌다. 이들을 따라가기 위해서는 엉금엉금 기어가야만 하고, 심지어는 뱀처럼 배를 땅에 붙이고 꿈틀거리며 가야만 한다. 가시가 옷과 머리카락, 살갗을 할퀴어 대고, 덩굴이 신발에 있는 버클에 걸리기도 한다. 이런 것들을 끌어당겨서 풀려고 애쓰는 사이에 머리 위에서 검은 물체가 사라지는 것을 보면, 좌절감에 비명을 지르고 말게 된다. 하지만 운이 좋으면 덩굴 속에서 빠져나왔을 때 다시 침팬지를 발견하기도 한다. 거기서 침팬지들은 나무에 올라 평화롭게 먹이를 먹든가, 땅에서 조용히 쉬면서 서로 털을 골라 주고 있을 것이다. 그러면 그들을 관찰하면서 그 모든 노력이 헛되지 않았다는 것을 깨닫게 된다.

    탄자니아의 현지인 직원들은 침팬지를 따라다니는 데 탁월한 재주가 있으며, 심지어 제일 어려운 장소인 가파르고 위험한 비탈 위까지도 따라갈 수 있다. 그러나 침팬지가 나무 위를 뛰어다니면서 협소하고 경사가 가파른 골짜기를 건널 때나, 혹은 가느다란 덩굴을 타고 깎아지른 절벽으로 올라가 버리면 그들도 어쩔 수가 없다. 그러나 그럴 때조차도, 그들은 침팬지가 어디로 가고 있는지, 나중에 어디쯤에서 따라잡을

○ 탄자니아 인 직원들.
하미시 음코노와 야하야 알라마시.
○ 소아마비에 걸렸던 파벤이
똑바로 몸을 일으켜 걷고 있다.

서로 털 고르기를 해 주고 있는 피피, 파우스티노, 플로시, 그리고 프로도.

수 있을지 알아맞히곤 했다. 힐랄리 마타마, 야하야 알라마시, 하미시 음코노, 그리고 에스롬 음퐁고와 같은 뛰어난 직원들은 1960년대 후반부터 쭉 우리와 함께 일해 왔다. 그들에게는 침팬지에 대한 모험담이 많다.

힐랄리는 수컷들을 따라다니기를 좋아했다. 특히 수컷들이 자기 구역의 경계 지역으로 수색을 나가거나 사냥을 나갈 때를 좋아했다. 그리고 그는 특히 피피의 오빠 피건에 대해 얘기하기를 좋아했다. 1981년에 죽은 피건은 가장 똑똑한 침팬지 중의 하나였다. 마이크처럼 피건도 머리를 써서 우두머리 수컷이 되었다. 마이크가 빈 깡통을 두들겨 대어서 우두머리에 오른 사건을 기억하는지? 마이크가 서른다섯 살이 되던 어느 날 그는 험프리라고 하는 크고 사나운 수컷한테 자리를 물려주어야만 했다. 그러나 험프리는 큰 몸집에도 불구하고 그 자리를 18개월밖에 유지하지 못했다. 그러고 나서 피건이 우두머리가 되었다.

마이크처럼 피건도 작았다. 어떻게 그는 험프리를 물리쳤을까? 그는 자기 형 파벤과의 친밀한 관계를 용의주도하게 이용했다. 파벤은 1966년 곰베에 소아마비가 돌았을 때 한쪽 팔을 못 쓰게 되었다. 하지만 불구가 되었어도 그는 훌륭한 동지였다. 파벤은 똑바로 서서 달려드는 멋진 돌격법을 배웠다. 피건은 자신이 지위가 높은 수컷에게 공격받으면 파벤이 거의 언제나 그를 도우러 달려올 것을 알고 있었다. 그래서 피건은 파벤이 같은 무리에 있을 때에만 자기보다 훨씬 덩치가 큰 험프리에게 맞섰다. 피건이 험프리에게 덤벼들어 계속 위협을 하면 파벤은 항상 끼어들었고, 그래서 싸움은 늘 2대1이 되곤 했다. 험프리는 두 형제가 주변에 있을 때면 점점 긴장했고, 반대로 피건은 점점 자신만만해졌다.

어느 날 저녁, 드디어 결판이 났다. 그날은 피건, 파벤, 그리고 험프리가 아주 큰 침팬지 무리에 끼어 있었다. 해가 질 때쯤 침팬지들은 하나 둘 자기 잠자리를 만들기 시작했다. 그러나 피건은 아니었다. 대부분의 다른 침팬지들이 저녁 잠자리에 들려고 할 때에, 갑자기 피건이 나뭇가지를 헤치며 거칠게 날뛰었다. 침팬지들은 돌진해 오는 그를 피하면서 큰소리로 울부짖었다.

자신의 힘을 과시하면서 용감해지기라도 한 듯이, 갑자기 피건은 이미 자리에 누워 있던 험프리의 위로 뛰어내려 그를 공격했다. 험프리는 큰 소리를 지르며 피건에게서 빠져나와 땅 위로 떨어졌다. 피건이 따라와서 그를 공격하고는 나무 위로 되돌아갔다. 곧 험프리도 나무로 조용히 되돌아가서 두 번째 잠자리를 만들었다.

그러나 피건은 아직 싸움을 끝낸 것이 아니었다. 모든 것이 조용해질 즈음, 그는 다시 가지를 헤치고 덤벼들어 험프리를 공격했다. 그들은 땅 위로 떨어져서 싸웠다. 이번에는 피건이 험프리를 한참이나 쫓아다녔다. 불쌍한 험프리! 그는 어둑어둑해지고 피건이 잠자리에 들 때까지 앉아서 울부짖다가, 조심스레 나무로 되돌아가서 세 번째 잠자리를 만들었다. 그 이후로 험프리는 일생 동안 피건을 이기려고 들지 않았다. 그래서 플로의 아들은 스물세 살 되던 해에 우두머리 수컷이 되었다. 그는 10년 후 죽을 때까지 계속 우두머리였다.

그 후 1994년 피피의 장남 프로이드가 우두머리 수컷이 되었다. 물론 그는 피건으로부터 자리를 물려받지는 않았다. 고블린이라는 수컷이 피건 다음에 우두머리가 되어서 피건처럼 그 무리를 10년이나 지배했다. 그러고는 젊은 윌키가 약 2년이라는 짧은 기간 동안 자리를 차지하고 있었다. 그 다음이 프로이드였는데, 자기 삼촌 피건처럼 스물세 살에 대장이 되었다.

플로가 죽은 지 20년이 지난 후에 그녀의 자손들은 곰베에서 가장 크고 힘 있는 집안을 이루었다. 지금은 우두머리 암컷이 된 피피는 아들 둘을 더 두었다. 그들은 파우스티노와 꼬마 페르디난드이다. 딸 패니에게는 세 살 된 아들이 있다. 플로시는 1996년 말쯤 새끼를 낳을 예정이다. 프로이드의 우두머리 지위는 확고하다. 그리고 그의 동생 프로도는 곰베에서 가장 큰 수컷인데, 54킬로그램이나 나간다. 플로도 자기 자손들이 몹시 자랑스러울 것이다.

동물을 사랑하는 사람들에게

곰베에서의 연구가 오랜 세월 계속되었기 때문에, 나는 침팬지의 행동에 대해 많은 것을 배울 수 있었다. 이제 나는 내가 알게 된 것을 다른 사람들과 나누고 싶다. 아프리카 각지에서나 동물원에서 연구하고 있는 학자들에게 도움이 되도록 논문을 쓰는 일도 필요하지만, 세계 여러 나라의 모든 사람들을 위한 책을 쓰는 일도 그 못지않게 중요하다. 나는 일생 동안 운이 좋아서 야생의 자유로운 동물들을 관찰하는 흥미진진한 경험을 했다. 대부분의 사람들은 그런 경험을 하지 못하고, 어떤 사람들은 그런 경험을 원하지도 않는다. 그러나 그런 사람들도 야생에서의 나의 삶에 대한 이야기를 듣는 것을 좋아한다. 이야기를 하면서 나는 침팬지들이 얼마나 멋진 동물인지, 아니 실제로 모든 동물들이 얼마나 경이로운 존재인지를 사람들에게 알리려고 노력한다.

요즈음 나는 주로 세계 여러 곳을 돌아다니며, 침팬지와 다른 동물들을 돕기 위해 우리가 하는 일을 알리는 강연을 하고 기금을 모으면서 지낸다. 데릭은 1980년에 암으로 세상을 떠났다. 나에게는 무척 슬픈 일이었다. 그럽은 탄자니아에서 살기로 결심했다. 그는 두 아이, 메를린과 엔젤, 그리고 아이들의 엄마, 마리아와 함께 인도양 해안에 있는 내 집 곁의 작은 손님용 숙소에서 살고 있다. 그는 낚시광인데 다르에스살라암에서 가장 뛰어난 낚시꾼 중의 한 명이다. 그곳에는 스푸프와 모나리자라는 두 마리 개가 우리와 함께 살고 있다.

글을 쓸 때 나는 다르에스살라암이나 내가 자란 영국의 버치스에 머문다. 영국에서는 어머니와 올리 이모와 함께 지낼 수 있다. 그분들은 내가 그들의 나이 얘기를 하는 것을 싫어하지만, 아흔 살이나 되어서도 인생을 활동적이고 재미있게 산다면 자랑스러운 일이 아니겠는가!

나는 한곳에서 3주일 이상을 머물지 못한다. 할 일이 너무

그럽과 나.

도 많아서이다. 내가 너무 늙어서 더 이상 돌아다니지 못하게 된다 해도 나는 걱정하지 않는다. 여러분들이 이 일을 계속 도와주지 않을까?

이미 얘기했듯이, 어렸을 때 이미 나는 내가 아프리카로 가서 야생의 동물들과 함께 살게 되리라는 것을 알고 있었다. 그리고 내가 알게 된 것들을 책으로 쓰고 싶었다. 나는 구체적으로 어떻게 그 꿈을 이룰지 생각하느라 많은 시간을 보내지는 않았다. 단지 좋은 기회가 꼭 오리라고 믿고 있었으며, 내 꿈을 당장 이룰 수 없다고 좌절하지는 않았다. 그렇게 느낀 이유 중의 하나는 러스티가 살아 있는 동안은 장거리 여행을 할 수 없었기 때문이기도 했다. 그러는 것이 꼭 러스티를 배신하는 일인 것처럼 느껴졌으니까. 내 꿈이 이루어지기를 기다리는 동안에도 나는 공부를 계속했다. 러스티로부터도 참으로 많은 것을 배웠다. 나는 동물에 관한 책을 읽고 정원의 새와 곤충을 관찰했다. 런던에서 직장 생활을 할 때에도 나는 적어도 일주일에 한 번씩은 자연사 박물관에 가서 공부하고 내가 관찰한 것들을 노트에 기록해 두곤 했다. 또 나는 여동생 주디나 샐리와 함께 캠핑도 갔다. 그리고 주말에는 가능한 한 가족과 러스티와 함께 지냈다. 우리 가족은 참으로 즐겁게 지냈다. 우리는 많이 웃고 서로를 놀리기도 하며 지냈는데 지금도 여전히 그렇다.

요즘의 젊은이들은 대학을 다 마친 후에도 자기가 하고 싶은 일이 무엇인지 알지 못하는 경우가 많다. 만약 여러분에게 일생을 바쳐 하고 싶은 일이 있다면, 여러분은 운이 좋은 편에 속한다. 나는 다섯 살 혹은 그 이상 되는 어린이들로부터 편지를 많이 받는다. 그들은 커서 동물에 관련된 일을 하고 싶다고 내게 말한다. 그들 중 몇몇은 어떻게 장래를 준비해야 할지를 물어보기도 한다. 여러분이 그들 중 하나라고 가정해 보자. 할 수 있는 일은 많다. 세심하게 관찰하는 법을 배우고 동물의 진정한 모습을 이해하는 데 도움이 되는 일은 무엇이든 다 좋다. 동물을 관찰하고 그들이 무엇을 하는지 볼 수도 있다. 관찰한 것을 기록할 수도 있다. 그리고 책의 앞부분에서 이야기했듯이 왜, 어떻게, 뭘 위해서 등의 질문을 던질 수도 있다. 어떤 것들은 관찰해서 답을 찾을 수 있을 것이다. 어떤 것들은 책을 찾아보거나, 아는 것이 많은 선생님께 물어야만 알 수 있다. 무엇을 하든 간에, 관심을 가지고 있는 동물들을 해치거나 놀라게 해서는 안 된다.

내가 그랬듯이, 산책을 하면서 자연을 관찰할 수도 있다. 설사 도시에 산다고 해도, 몇 가지 동물들을 관찰할 수 있는 공원이나 정원이 있기 마련이다. 도시 빈민 지역에 산다고 해도 참새나 비둘기는 볼 수 있다. 애벌레를 잡아서 병에 넣어 두고 번데기가 될 때까지 키울 수도 있다. 하지만 애벌레가 무엇을 먹는지 알아야 하고, 신선한 먹이를 주는 것을 잊지 말아야 한다. 병처럼 목이 좁은 용기에 물을 담아서, 잎이 달린 가지를 넣어 두면 벌레가 떨어지거나 빠져 죽지 않는다. 이런 방법으로 먹이를 오랫동안 신선하게 유지할 수 있다. 애벌레에게는 물도 필요하다. 잎에 물을 몇 방울 떨어뜨리는 것만으로도 충분하다. 벌레가 점점 많이 먹고 통통해지면서, 그 껍데기가 어떻게 바뀌어 가는지 관찰할 수 있을 것이다. 한번은 내가 벌레에게 먹이 주는 것을 잊어버린 적이 있다. 벌레가 바싹 말라 죽은 것을 발견했을 때 나는 죄의식을 느꼈고 내 자신이 미워졌다.

애벌레가 단단한 껍데기 안에 들어가서 번데기가 되면, 그것을 매일 관찰할 수 있는 곳에 두어야 한다. 더 이상 돌볼 필요가 없어지면 잊어버리기가 아주 쉽다. 하지만 나비나 나방이 껍데기를 빠져나오고, 주름살 투성이의 날개가 매끈하고 튼튼하게 펴지는 것을 관찰하는 것은 너무도 근사한 일이다. 그러고는 우리가 기른 이 생물은 햇빛 속으로 날아갈 수 있게 되는 것이다.(만약 나방이라면 밤의 대기 속으로 날아갈 것이다.) 물론 여러분은 이 벌레를 처음 발견했던 장소 근처에 놓아주어야 한다. 그래야 벌레가 짝을 찾아서 알맞은 나무나 풀 위에 (암컷이라면) 알을 낳을 수가 있다.

한 쌍의 새가 둥지를 틀기 위해 돌아다니는 것을 관찰하는

○ 침팬지를 찾아서.

○ 자신의 사람 친구에게 손을 내밀고 있는 플린트.

것은 훨씬 흥미진진하다. 하지만, 특히 집을 짓거나 알을 품을 때에는, 너무 가까이 가서는 안 된다. 아니면 그들은 떠나 버릴 테니까. 하지만 새끼를 기르는 모든 과정을 관찰하고 기록한다면 진정한 의미에서의 성취감을 맛볼 수 있을 것이다. 나는 종종 그림을 그렸다. 한번은 아주 운이 좋았다. 어느 겨울, 내가 아파서 침대에 누워 있을 때, 울새(커다란 미국 개똥지빠귀가 아니라 빨간 가슴을 가지고 있는 영국의 작은 새 말이다.)가 내 방 창턱에 날아왔다. 나는 매일 빵 부스러기를 내놓았다. 우리는 새를 위해 창턱에 삐죽 내민 판자를 고정시켜 두었다. 내가 아주 추운 날도 창문을 열어 두었기 때문에, 그 울새는 아주 길이 잘 들어서 나중에는 침대에까지 와서 부스러기를 받아 먹을 정도가 되었다. 내가 병이 다 나은 지 한참 지나 봄이 되자 그 새는 짝을 찾았고, 그들은 내 방에 둥지를 틀었다. 나의 둘리틀 박사 책들이 꽂혀 있는 바로 옆 책장에! 정말 믿어지지 않는 일이었다.

여러분은 개를 키우는지? 밖에 나가고 싶을 때, 그 개는 어떻게 표현하는가? 문 앞에서 주인을 바라보면서 짖거나 낑낑대는가? 그것은 이해하기 쉽다. 하지만 개들은 다른 방법을 쓰기도 한다. 여러분에게(혹은 다른 가족들에게) 다가가서 머리를 무릎 위에 올려놓을 수도 있다. 아니면 여러분을 빤히 쳐다보고, 작게 낑낑대면서 꼬리를 흔들지도 모른다. 혹은 점점 더 큰 소리로 헐떡거리면서 뛰어다닐 수도 있다. 어쩌면 침착하지 못하게 이리저리 돌아다닐 것이다. 바보 같은 인간들이 알아듣지도 못하고 신경조차 써 주지 않아서, 절망해서 포기해 버렸다면, 개는 드러누워 버릴 것이다. 하지만 그때라도 여러분이 자리에서 일어난다면, 개는 갑자기 신이 나서 이리저리 뛰어다니기 시작할 것이다.

나는 밖에 나가고 싶을 때면 자기 여주인의 외출용 신발을 하나씩 물고 와서 그녀의 앞에 가져다 놓던 검은 푸들을 알고 있다. 많은 개들은 자기 가죽끈을 가지고 온다. 콘라트 로렌츠는 또 다른 방법을 이야기해 준 적이 있다. 한밤중에 그의 개가 아주 갑자기 밖에 나가야 할 일이 생겼다. 그 개는 평소에 하던 대로 낑낑대거나 문을 긁는 방법으로 주인을 깨울 수가 없었다. 그래서 그 개는 주인의 침대로 뛰어 올라가서(평소에는 그렇게 하는 것이 엄격히 금지되어 있는데), 그를 이불 속에서 끄집어낸 다음 마루 위로 굴려 버렸다!

여러분에게 개가 없다면 친구의 개를 함께 관찰할 수도 있다. 그 개들이 자기의 사람 친구들이나 다른 개들에게 "말하기" 위해서 사용하는 갖가지 방법들을 기록하고, 얼마나 긴 리스트를 만들 수 있는지 보자. 고양이에 대해서도 그렇게 할 수 있다.

둘리틀 박사의 앵무새 폴리네시아는 동물의 말을 배우기

위해서는 우리가 "관찰력"을 가지고 있어야 한다고 가르쳐 준다. "새들이나 동물들에 대한 자질구레한 것들(어떻게 걷고 머리를 움직이는지, 어떻게 날개를 퍼덕거리는지), 킁킁거리고 냄새를 맡는 것이나 수염을 씰룩거리는 방법, 꼬리를 흔드는 방법"들을 알아챌 수 있어야 한다.

물론, 동물을 연구하거나 동물들과 함께 있는 일을 하기 위해서 반드시 동물행동학자가 되어야 하는 것은 아니다. 선택할 수 있는 다른 "~학자"들이 얼마든지 있다. 동물학자가 될 수도 있고, 생물학자, 인류학자, 생태학자가 될 수도 있다. 그 외에도 다른 것들이 많이 있다. 수의사가 되어도 되고, 개 사육장에서 일하거나, 말을 다룰 수도 있을 것이다.

한 가지만 기억해 두자. 만약 실제로, 그리고 진정으로 동물과 함께 지내는 일을 하기로 마음먹었다면, 지금이든 그 이후이든, 어쨌건 간에, 언젠가는 그것을 할 수 있는 길을 찾아야 한다는 것이다. 그것을 간절히 바라고, 열심히 일하면서, 기회를 잡는 데 빨라야 한다. 그리고 무엇보다도 "결코" 포기하지 말아야 한다.

하지만, 아마도 여러분은 동물을 연구하거나 그와 관련된 일을 하는 것을 바라지 않을지도 모르겠다. 여러분은 공학자나, 컴퓨터 프로그래머나, 비서나, 의사, 변호사, 목수, 정원사, 건축 관계자나 또는 다른 그 무엇이 되고 싶을지도 모르겠다. 하지만 여전히 여러분은 동물을 사랑한다. 여러분은 동물에 대해 더 알고 싶거나 그들을 돕고 싶을 것이다. 혹은 야생의 장소를 좋아할지도 모른다. 그곳이 오염되거나 도로, 집, 가게 등을 짓기 위해 파헤쳐지지 않고 자연 그대로 남아 있기를 바랄 것이다.

그런 장소들이 야생으로 남아 있고, 동물들이 자유롭게 살 수 있도록 보존하는 것은 매우 중요한 일이다. 바로 우리가 그렇듯이, 동물들도 자신들의 삶을 살아갈 똑같은 권리를 가지고 있다. 또한, 우리가 자연 세계의 너무 많은 것을 파괴해 버린다면, 우리 다음에 살아갈 이들로부터 많은 아름다운 것들을 빼앗아 버리는 일이 될 것이다.

더더구나 어떤 종류의 생물을 파괴하는 것은 사람들에게도 해로운 일인지도 모른다. 우리의 질병을 치료하는 데 쓰이는 많은 중요한 약품들이, 식물이나 심지어는 곤충들로부터 나온다는 사실을 우리는 알고 있다. 우리가 야생의 세계를 파괴한다면, 우리는 다른 어느 곳에서도 발견되지 않는 식물이나 동물의 한 종을 완전히 멸종시키는 것이 될지도 모른다. 우리는 알지도 못하는 사이에 암이나, 에이즈나, 다른 끔찍한 질병의 치료제를 없애 버리고 있는지도 모르는 것이다.

숲에서, 사막에서, 그리고 다른 모든 곳에서, 다양한 종류의 식물과 동물들이 전체로서 멋지고 복잡한 체계를 이루고 있다. 만약 우리가 그러한 체계를 뒤죽박죽으로 만들어 버린다면, 모든 것이 잘못될 수도 있다. 예를 들면, 영국 전역의 토끼들이 잘 알려진 토끼 병인 점액종증에 걸려 죽어 버렸을 때, 여우들에게는 먹을 것이 별로 남아 있지 않았다. 그래서 여우들은 농부의 닭들을 죽이기 시작했다. 농부들은 여우들과 전쟁을 치렀다. 그리고 나서 농부들은 쥐와 생쥐들이 늘어난 것을 알게 되었는데, 그 이유는 그것들을 사냥할 여우가 더 이상 남아 있지 않았기 때문이었다. 쥐들은 들판과 창고에 있는 곡물들을 망쳐 버렸다. 농부들은 토끼들에게 빼앗겼던 만큼의, 혹은 그 이상의 작물들을 쥐들에게 빼앗겨 버리고 말았다.

농부들이 작물에 해를 끼치는 벌레들을 없애려고 들판에 살충제를 뿌린다고 생각해 보자. 그는 수천 마리의 무해한 곤충들을 함께 죽이는 셈이 되고, 정말 유익한 곤충들(꽃을 수분시키고 꿀을 주는 벌 같은)까지 함께 죽여 버리는 셈이 된다. 벌레를 먹고사는 생물들(특히 새들) 또한 병들거나 죽게 될 것이다. 결국, 유독한 화학 물질이 널리 퍼져서, 사람들 역시 병들게 될 것이다.

만일 여러분이 동물들이 보다 나은 취급을 받으며 살기를 원한다면, 우리 주변에서 잘못된 일들을 찾아낼 수도 있다. 동물들은 여러 가지로 혹사당하고 있지만, 많은 사람들이 그것에 대해 모르고 있다. 혹은 알더라도, 사람들은 자신이 할 수 있는 일은 아무것도 없다고 생각해 버린다. 그것은 결코 사실이 아니다.

예를 들어, 대부분의 농장 동물들이 오늘날 어떻게 다루어지는지 생각해 보자. 우리는 그것을 "공장제 농업" 또는 "집약 농업"이라고 부른다. 서구의 대부분의 지역에서, 암탉들은 작은 닭장 속에 세 마리씩(혹은 그 이상) 쑤셔 넣어진 채 살아야 한다. 서로를 쪼지 못하도록 닭들의 부리를 잘라 버리는데 이는 닭에게는 몹시 고통스러운 일이다. 개들만큼이나 총명한 돼지들도, 닭과 마찬가지로 좁은 우리에 몰아넣어진 채로 살아가며, 코로 진흙을 파헤치며 돌아다닐 기회란 전혀 없다. 어린 돼지를 몰아넣고 가두어 기르는 것은 특히 잔인한 일이다. 그들은 놀기 좋아하고 서로를 쫓으며 달리기를 좋아하는 동물이다.

"공장제 농업"에 관해 알게 되었을 때 나는 더 이상 고기를 먹지 않기로 했다. 하지만 여전히 "전통적인" 방식으로 동물들을 기르는 농부들이 많이 있다. 이런 농부들이 생산한 것들은 화학 살충제와 비료를 쓰지 않고 유기 농법으로 기른 작물들처럼 다소 비싼 편이다. 하지만 보다 많은 사람들이 이런 식품을 산다면 점차 값도 싸질 것이다. 동물들을 자유롭게 놓아 기르는 "방목 농업"을 한다면 수백만의 동물들의 삶이 보다 나아질 것이다.

세제나 화장품 등 매년 시장에 나오는 거의 모든 신제품들을 시험하는 데 수천 마리의 동물들이 사용된다. 토끼와 기니피그, 또 개와 고양이, 원숭이조차도, 쥐들처럼 이러한 실험에 사용된다. 때때로 이러한 실험들은 그 동물들에게 많은 고통을 안겨 줄 수도 있다. 하긴, 많은 사람들이 이 모든 것들을 바꾸려고 애쓴다. 특히 과학자들은 동물을 쓰지 않고도 그 물질들을 시험할 수 있는 방법을 알아내려고 아주 열심히 일한다. 여러분이 동물 실험을 하지 않는 제품을 사서 쓰면 이 일을 돕는 것이 된다.

　물론, 동물들은 의학 실험에도 이용된다. 만약 모든 실험들이 유용하고, 또 동물들이 적절한 대우를 받는다면, 그리 나쁘지 않을 수도 있다. 불행히도 엄청나게 많은 실험들이 거의 혹은 전혀 인간에게 도움이 되지 않는다. 그 모든 고통이 헛된 것이라니!

　또한 어떤 동물들은 인간의 지식욕을 충족시키기 위해 잔인한 취급을 받는다. 어떤 과학자들은 동물을 관찰하고 끈기있게 기다리면서 그 동물에 대해 배우기보다는 실험 대상을 죽여서 연구하기를 좋아한다. 그래서 동물 발육의 각 단계마다 혹은 실험의 각 단계마다 동물의 신체 내부에서 일어나는 일들을 알아내고자 하는 것이다. 예를 들어, 과학자들이 수백 마리의 명금에게 수술을 해서 소리를 내지 못하게 했는데, 이는 학자들이 이 새가 노래를 배워서 아는 것인지 혹은 본능으로 아는 것인지 알아보려 했기 때문이다. 원숭이들이 눈 없이 어떻게 야생에서 살아가는지 알아보기 위해 수술로 그들의 시력을 뺏은 적도 있다. 물론 그들의 대부분은 죽고 말았다. 나는 한번은 텔레비전 프로그램에서 어떤 과학자가 갑작스레 큰 소리를 내어서 생쥐를 죽이는 방법을 자랑스럽게 보여 주는 것을 본 적이 있다. 심리학자들은 동물들에게 이런저런 것들을 가르치는데 그들은 동물이 실수할 때마다 전기 쇼크로 벌을 준다. 그리고 그 외에도 예는 많다. 고등학교에서, 수의과 대학에서, 그리고 의과 대학에서 교육용으로 쓰이는 동물들을 생각해 보라. 몇몇 유명한 대학에서 더 이상 동물을 사용하지 않는 것만 보더라도 동물 사용은 꼭 필요한 것이 아닐지도 모른다.

왜 우리들은 동물들이 어떻게 다루어지는지를 놓고 고민해야 하는 것일까? 그것이 중요한 문제인가? 뭐니 뭐니 해도, 아주 많은 사람들이 지독한 대우를 받고 있다. 그들을 먼저 도와야 하는 것이 아닐까? 물론 우리는 고통받고 있는 사람들을 도와야 한다. 그러나 만약 내가 왜라고 묻는다면? 사람이 고통받고 있다면 그것이 왜 중요한 문제일까? 그들은 우리와 같은 종류이고 우리와 같은 감정을 가지고 있기 때문이다. 우리는 그들이 우리가 느끼는 고통을 같이 느낄 수 있다는 것을 알고 있다. 즉 우리는 그들이 슬픔, 공포, 절망, 외로움, 지겨움 등을 느낄 수 있다는 것을 알고 있다. 좋다. 그런데 침팬지들도 마찬가지 감정을 느낄 수 있다. 그리고 개, 고양이, 돼지와 기타 수많은 동물들도 마찬가지다. 그렇지 않은가? 만약 여러분이 여기에 동의한다면, 여러분은 왜 우리가 동물들의 고통에 마음 써야 하는지를 이미 알고 있는 것이나 마찬가지다.

잔인함은 끔찍한 것이다. 나는 그것이 인간의 죄악 중에서도 최악이라고 생각한다. 잔인함이란 상대에게 필요없는 고통을 주는 것이다. 전장에서 의사가 생명을 구하려고 마취 없이 팔다리를 절단할 때도 있다. 이는 끔찍한 고통을 주는 일이지만 고의적인 잔인한 행동은 아니다. 그러나 그 의사가 현대식 병원에서 마취 없이 그와 같은 수술을 했다면 이야말로 잔인한 일이다. 인간적 감정이라고는 전혀 없는 지적인 존재가 외계에서 갑자기 지구에 온다면 그는 통증과 고통에 대해 전혀 이해하지 못할 것이다. 만약 그가 우리에게 심한 고통을 주는 일을 한다고 해도 우리는 그가 고의적으로 잔인하다고 말할 수는 없는 것이다.

잔인함이 없는 세상은 어쩌면 아주 먼 꿈과 같은 일인지도 모른다. 하지만 우리 모두가, 세상이 아주 조금이라도 덜 잔인해지도록 도울 수 있다. 우리는 모두 우리 주변의 세상부터 제대로 돌아가게끔 노력할 수 있다. 여러분의 이웃이 매일 저녁 외출하면서 그들의 어린 아들을 혼자 내버려 두고 울린다면 여러분은 적절한 조치를 취할 것이다. 그런데, 만약 여러분의 이웃이 자기 개를 학대한다면 그것에 신경 써야 할까? 나는 그렇다고 믿는다. 만약 개가 얻어맞고 있다면, 지역의 동물 보호 협회에 알릴 수 있다. 개가 몇 시간 동안 갇혀 지낸다면 개를 산책시킬 수 있다.

무언가 잘못되어 가는 것을 보았을 때 자신의 의견을 이야기하는 것은 동물들에게 정말로 중요한 일이다. 그것이 항상 쉬운 것은 아니다. 내가 어렸을 때 한번은 나보다 훨씬 큰 남자 아이 네 명이 게의 다리를 떼어 내고 있는 것을 보았다. 나는 아주 화가 났다. 나는 왜 그러는지 물었고, 그들은 이렇게 대답했다. "네가 상관할 일이 아니야." 나는 그것이 잔인한 짓이라고 말해 주었다. 그들은 웃어 댔다.

그리고 나는 그 자리를 떠나 버렸다. 40년이 지난 지금도, 나는 그 일로 수치스러워 하고 있다. 왜 나는 그 게들을 괴롭히지 못하도록 좀 더 애쓰지 않았을까?

내 아들은 나와 달랐다. 그 애가 다섯 살이었을 때, 그 애는 캘리포니아의 보육 학교에 다니고 있었다.(내가 한 해의 4분의 1을 스탠퍼드 대학교에서 가르치고 있을 때였다.) 어느 날 그 애는 일곱 살짜리 소년이 우리에 갇혀 겁에 질린 토끼에게 호스로 물을 뿌리면서 웃어 대고 있는 것을 보았다. 그럽은 다가가서 호스를 빼앗아 던지려고 했다. 그 소년이 호스를 빼앗기지 않으려고 했기 때문에 그럽은 그와 싸우기 시작했다. 그럽이 훨씬 작았지만, 간신히 이길 수 있었다.

선생님은 그럽에게 매우 화가 나서 그 애에게 벌을 주었다. 물론 우리는 싸움으로 우리가 바라는 것을 이루려고 해서는 안 된다. 그러나 그녀는 그 소년이 잔인하게 군 것에 대해서는 야단치지도 않았다. 그 소년도 벌을 받았어야 한다는 생각이 들지 않는가?

여러분에게 들려주고 싶은 이야기가 하나 있다. 이것은 올드맨이라고 부르는 한 침팬지의 이야기이다. 그는 청년기에 북아메리카의 한 동물원에 팔려 갔다. 그의 과거에 대해서는 알려진 것이 없다. 아마 한때 실험실이나 서커스단에 있었을 것이다. 어쨌거나 그는 사람들을 싫어했다. 그는 세 마리의 다 자란 암컷과 함께 한 섬에서 살게 되었다. 그는 그 암컷들과 함께 잘 지냈다. 그중 한 마리가 새끼를 가졌다. 올드맨이 그 아버지였다.

바로 그때쯤, 마크라는 이름의 젊은이가 침팬지를 돌보는 일자리를 얻었다. 모든 사람들이 침팬지들이 굉장히 위험하다고 얘기했다. 사실, 사로잡힌 침팬지들은 대개 위험하다. 대부분의 침팬지들은 제대로 된 보살핌을 받은 적이 없어서 더욱 그렇다. 마크는 섬까지 작은 배를 저어 가서 먹이를 던져 주었다. 그러나 그는 먹이를 주러 섬에 상륙하지는 않았다.

마크는 침팬지를 관찰하며 시간을 보냈다. 그는 올드맨이 새끼에게 얼마나 부드럽게 대하는지를 보았다. 그는 또한 그들이 먹이를 먹을 때는 흥분해서 서로를 껴안고 기쁨의 키스를 나누는 것도 보았다. 그는 그들이 얼마나 훌륭한 동물인지를 깨달았다. 그래서 그는 그들과 좀 더 사귀어 보기로 결심하고 그들과 친구가 되기 시작했다. 그는 점점 배를 섬 가까이 몰고 갔으며 어느 날은 마침내 올드맨에게 직접 바나나를 건네주었다. "제인, 이제야 데이비드 그레이비어드가 당신에게서 처음으로 바나나를 받아 갔을 때 심정이 어땠는지 알 수 있을 것 같아요." 하고 그는 나중에 내게 말했다. 그것이 우정의 시작이었다. 얼마 안 있어 그는 섬에 상륙할 수 있게 되었다. 올드맨의 털을 골라 주기도 하고 함께 놀 수도 있게 되었다. 세 마리의 암컷들은 더욱 쌀쌀해졌지만 마크가 섬에 올라오는 것에 대해서는 크게 신경 쓰지 않는 것처럼 보였다.

어느 날 그는 미끄러져 새끼 근처에 넘어졌다. 새끼가 겁에 질려 소리를 질렀고, 마크가 새끼를 해친다고 생각한 어미가 즉각 마크에게 덤벼들어 목을 물어뜯었다. 그는 피가 흘러내리는 것을 느낄 수 있었다. 그가 미처 일어나기 전에, 다른 두 마리의 암컷이 공격에 가세했다. 한 마리는 그의 팔을, 또 하나는 그의 다리를 물었다. 그는 손에 감각을 느낄 수가 없었다. 이제는 끝장이었다. 그는 도망가고 싶어도 전혀 도망칠 수가 없었다.

갑자기 올드맨이 달려들었다. 그는 암컷들을 움켜잡고는, 차례로 그들을 마크로부터 떼어 놓았다. 올드맨은 암컷들에게 덤벼들어 그들을 멀리 쫓아 버렸다. 마크는 보트를 향해 몸을 끌고 갔다. 올드맨은 마크의 가까이에 머물면서, 암컷들이 다시 그를 공격하려 할 때마다 위협해서 쫓아 버렸다. 마침내, 마크는 섬을 떠날 수 있었다. 올드맨이 그의 목숨을 구한 것이다.

이 이야기는 내게 많은 것을 가르쳐 주었다. 만약 침팬지가 손을 뻗어 사람을 도울 수 있다면, 우리 인간들도 손을 뻗어 침팬지와 오늘날 우리와 함께 살고 있는 모든 동물들에게 도움을 줄 수 있는 것이다.

이것이 바로 내가 하고자 하는 일이다. 여러분이 나를 도와주기를 바란다.

사라져 가는 침팬지들

아프리카에서 침팬지가 점차로 사라져 가고 있다. 예전에는 25개 나라에 침팬지가 분포하고 있었다. 그러나 이제 4개 나라에서는 이미 사라졌으며 5개 나라에서는 거의 멸종될 위기에 직면해 있다. 오늘날에는 침팬지 서식지의 정 중앙 부분에만 상당수의 침팬지들이 살고 있는데, 그러한 서식지는 아직까지 열대 우림이 자리 잡고 있는 카메룬, 가봉, 자이르 그리고 콩고와 같은 지역에 있다. 이제는 이런 열대 우림 지역마저도 사라지고 있는 형편이다. 밀림이 사라지고 있는 이유는 부자들이 목재를 팔아서 더욱 부자가 되려고 하기 때문이거나, 혹은 그 지역에서 사는 사람들이 집을 짓거나 요리를 하기 위해 나무를 사용하기 때문이다. 또는 사람들이 농작물을 가꾸고, 염소나 소를 사육하고 집을 짓기 위한 땅을 필요로 하기 때문이다. 게다가 사람들은 계속 늘어나고 따라서 땅의 수요도 점점 늘어나고 있다.

게다가 침팬지들은 사냥을 당하기도 한다. 그들은 식용으로 사살되고 있다. 심지어 침팬지 고기를 먹지 않는 나라에서도 사냥꾼들이 침팬지의 새끼들을 잡아서 애완용이나 동물원, 서커스단, 혹은 의학 연구용으로 팔기 위해서 어미 침팬지들을 죽인다. 야생 침팬지들이 얼마나 남아 있는지 정확히 아는 사람은 아무도 없지만 25만 마리 이상은 되지 않는다. 25만이라는 숫자가 여러분에게는 많게 느껴지는가? 댈러스나 토론토, 혹은 런던이나 파리와 같은 도시에 얼마나 많은 사람들이 살고 있는지 생각해 보라. 또는 마을 하나에 얼마나 많은 사람들이 살고 있나 생각해 보라. 그리고 나서 그나마 25만 마리의 침팬지들이 모두 모여 살지도 못하고 삼림 훼손 때문에 150마리가 채 못 되는 숫자가 작은 집단을 이루어 서로 고립되어 흩어져 산다고 생각해 보라. 정말로 끔찍한 일이 아닐 수 없다. 왜냐하면 그처럼 소규모의 집단은 설령 보호를 받는다 할지라도 오래 살아 남을 수 없기 때문이다. 서로 고립된 작은 규모의 침팬지 집단에서는 가까운 친척끼리 짝짓기를 해서 새끼를 낳는 근친 교배가 일어난다. 이런 일이 일어나면 그 집단의 침팬지들은 점점 허약해져서 각종 질병에 걸리게 된다. 악성 전염병이 두세 번 돌고 나면 집단은 갑작스레 끝장이 난다.

약 10년 전, 나는 침팬지들의 실태를 알아보고 내가 도울 것이 있는지를 찾아보기 위해 침팬지들이 아직 서식하고 있는 여러 아프리카 나라들을 방문하기 시작했다. 많은 나라들을 돌아보면 돌아볼수록 상황이 얼마나 나쁘고 때로는 절망적인지를 깨닫게 되었다. 그런 상황은 아프리카 밀림 지역의 침팬지나 다른 동물들뿐만 아니라 그곳에 사는 사람들에게도 마찬가지였다.

열대 밀림을 베고 나면 얼마 동안은 땅이 비옥하고 풍작이 든다. 농작물이 자라고, 소와 양 떼를 잘 먹일 수 있어 많은 양의 우유와 고기가 생산되고 새끼도 많이 태어난다. 그러나 몇 년 후에는 땅의 영양분은 바닥이 나고 만다. 농작물은 잘 자라지 않고 가축들은 여위어 간다. 무엇보다도 심각한 것은 나무의 보호가 없으면 폭우에 의해 흙이 모두 씻겨 나간다는 것이다. 얼마 지나지 않아 아무것도 없는 바위만이 남을지도 모르며 아무것도 자랄 수가 없게 될지도 모른다. 강과 호수는 빗물에 씻겨 내린 흙에 의해 막히게 되어 물고기가 죽고 만다. 결국, 한때 멋있고 푸르렀으며 아름다웠던 곳에 이제는 사막만이 남게 된다. 이렇게 되면 동물들뿐만 아니라 사람들 역시 굶주리기 시작한다.

그러면, 왜 밀림 지역의 사람들이 나무를 베는 것일까? 그들이 어리석어서일까? 우리는 밀림을 없애면 사막이 되어 간다는 것을 알고 있는데 그들은 이러한 사실을 모르고 있는 것일까? 실제로 그들은 이런 사실을 알고 있다. 농부들은 땅을 아주 잘 알고 있다. 오래전에는 사람들이 많지 않았기 때문에 땅이 풍부해서 사람들이 많은 나무를 벨 필요가 없었다. 사람들이 살던 곳을 떠나 새로운 곳으로 옮겨 살면 그들이 떠나간 그 자리에는 나무들이 다시 자랐다.

오늘날에는 사람들이 이와 같이 옮겨 다니지 못한다. 그들이 옮겨 갈 곳이 더 이상 남아 있지 않은 것이다. 또한 사람들이 너무 많다. 사람들이 나무를 베지 않는다면, 농작물을 가꾸거나 소를 사육하지 못하게 된다. 그리고 또한, 그들은 매우 가난해서 식량을 살 수가 없기 때문에 정말로 선택의 여지가 없는 것이다. 선택의 여지가 있을 수 있을까?

나무를 베는 것은 농부들만이 아니다. 많은 정치인들이 국가 경영에 필요한 돈을 마련하려고 거대한 밀림을 목재 회사에 팔아 넘긴다. 안타깝게도 정치인들은 때로는 정직하지 못해서, 그중의 많은 돈을 가난한 사람들을 돕는 데 쓰지 않고 자신들이 착복한다.

　나는 부유한 선진국들이 전 세계의 열대 우림을 보유하고 있는 나라들로부터의 목재 수입을 중지할 그 날이 오기를 바란다. 우리는 다른 수종으로 가구를 만들 수 있지 않을까? 그리고 만약 아프리카, 아시아나 남아메리카의 정부들이 목재를 팔아서 얻을 수 있는 것보다 훨씬 많은 돈을 관광 사업을 통해 그들 국가의 숲을 보러 오는 여행객들로부터 벌 수 있다면, 미래는 훨씬 희망적이다.

　하지만 사냥은 어떻게 할 것인가? 서부나 중앙아프리카의 많은 나라들에서는 사람들이 원숭이 고기와 같은 "야생의 고기"를 좋아한다. 예전에는 사냥꾼들이 단순히 자신의 가족이나 마을 사람들에게 먹이려고 동물들을 죽이거나 덫을 놓아 잡았다. 그러나 요즘은 가능한 한 많이 잡고 죽여서 그 고기를 말리거나 훈제로 익혀서 트럭에 실어 도시로 보낸다. 침팬지들은 멸종 위기에 처해 있기 때문에 그들을 사냥하는 것은 불법이다. 그러나 침팬지를 작은 조각으로 나누고 나면 그 고기가 어떤 동물인지 알 수 있는 사람은 아무도 없다. 해마다 수천 마리의 동물들이 식용을 위해 살육되고 있다.

　유일한 희망은 야생 동물들이 점점 더 빠르게 사라지고 있기 때문에 그러한 동물들을 발견해서 죽이는 것도 점점 어려워진다는 것뿐이다. 사냥꾼들은 하찮은 것이라도 잡기 위해서 더욱 더 깊은 밀림으로 들어가야만 한다는 것에 대해 불평하고 있다. 그러므로 만약 가축 사육이 도입된다면 적어도 현재 남아 있는 야생 동물들 중 얼마 정도에게는 생존의 기회가 있을 수도 있다.

야생 고기 사냥꾼들이 새끼 침팬지를 잡으면 그들은 그 새끼를 애완용으로 판다. 나는 중앙아프리카의 한 도시의 시장에서 판매되고 있던 애처로운 새끼 침팬지를 봤던 때를 잊을 수가 없다. 그 새끼는 허리를 꽉 조인 끈에 묶여서 작은 철사 우리의 꼭대기에 매달려 있었다. 새끼는 잔뜩 움츠리고 있었는데, 다가갔을 때 나는 그 새끼가 날씨가 더워서 땀을 흘리고 있는 것을 보았다. 흐리멍텅한 눈은 허공을 응시하고 있었다. 내가 그냥 두었으면 그 새끼는 얼마 지나지 않아 죽었을 것이다.

나는 서로 친한 침팬지들이 인사할 때 내는 헐떡거리는 소리를 조그맣게 내었다. 그러자 놀랍게도 그 어미 잃은 조그만 침팬지가 가만히 앉아서 나를 보더니 내 얼굴을 만지기 위해 팔을 내게 뻗었다.

어떻게 해야만 하는가? 만일 내가 그 새끼를 산다면, 사냥꾼은 내다 팔기 위해 더 많은 새끼들을 잡으려고 할 것이다. 하지만 도움을 간청하는 그런 행동을 본 후에 내가 어떻게 그 자리를 떠날 수 있었겠는가?

나는 미국 대사를 방문했다. 나와 그는 함께 환경 담당 장관을 찾아갔다. 허가 없이 침팬지를 사냥하고 판매하는 것은 불법으로 규정되어 있다. 그러나 누구도 신경 쓰지 않았기 때문에 이 법은 결코 집행된 적이 없었다. 그러나 그 환경 담당 장관은 이 침팬지를 도와주기로 동의하고 경찰관을 대동해서 우리와 함께 그곳에 갔다. 그들은 그 새끼 침팬지를 몰수했고 나는 칼로 끈을 끊어서 새끼를 자유롭게 해 주었다.

하지만 그 새끼 침팬지는 매우 아프고, 겁에 질리고, 슬픔에 빠져 있었다. 가죽 밑에는 총알이 박혀 있었다. 우리는 운이 좋게도 그래지엘라 코트만이라는 아주 훌륭한 여성을 만났다. 그녀는 우리에게 그 새끼 침팬지, 꼬마 제이를 건강해질 때까지 돌보아 주기로 약속했다. 그녀는 이 일을 성공리에 마쳤다. 보다 많은 새끼들이 몰수되었고 그래지엘라의 고아 가족은 불어났다.

현재 그래지엘라는 중앙아프리카의 콩고 공화국에서 마흔여덟 마리의 고아 침팬지들을 돌보고 있다. 석유 개발을 하고 있던 코노코 회사가 밀림의 한구석에 전기 울타리를 둘러서 침팬지 보호 구역을 만들어 주었다. 그곳은 부근의 마을 이름을 따서 침퐁가 보호 구역으로 불린다. 우리는 결코 이 침팬지들을 야생으로 돌려보낼 수가 없다. 우선 그들에게는 밀림에서 살아남는 법을 가르쳐 줄 어미가 필요하기 때문이고 또 하나는 야생 침팬지들이 이들을 모두 죽여 버릴지도 모르기 때문이다. 여러분은 곰베의 침팬지들이 낯선 침팬지들을 공격한 사실을 기억할 것이다. 게다가 우리의 고아 침팬지들은 사람을 무서워할 줄 몰라서 마을로 내려와 이리저리 돌아다닐지도 모르며, 그렇게 되면 침팬지들은 힘이 세기 때문에 사람들에게 위협적인 존재가 될 것이다. 하지만 적어도 보호 구역 안에서는 침팬지들은 나무를 탈 수 있고, 좋은 먹이를 먹을 수 있으며, 그리고 무엇보다도 두려움 없이 살 수 있다.

그래지엘라와 네 명의 콩고 파수꾼으로 이루어진 그녀의 팀은 일을 아주 잘하고 있다. 새로운 침팬지가 몰수되어 오면 세심한 주의를 기울여야 한다. 때로 그들에게 약을 줘야 할 때도 있다. 그리고 우유도 먹여야 하고, 무엇보다도 중요한 것은 많은 사랑을 주어야 한다. 일단 새끼들이 극단의 공포심을 극복하고 건강해지면 다른 새끼들과 함께 있게 한다.

침팬지들은 크게 세 집단으로 나누어진다. 가장 큰 집단은 날마다 보호 구역으로 나가 숲 속에서 논다. 어린 침팬지들로 이루어진 작은 집단은 보호 구역 부근에, 한 명의 콩고 인 파수꾼이 지키고 있는 작은 밀림 지역으로 보내진다. 그리고 새끼들로 이루어진 작은 무리 역시, 파수꾼이 지켜 주는 가운데 작은 나무를 안전하게 타는 방법을 배운다.

숲에는 침팬지들이 먹을 수 있는 과일과 나뭇잎들이 있기는 하지만 양이 충분하지 않기 때문에, 그들이 먹을 것의 대부

◐ 파괴된 아프리카의 숲.
◐ 꼬마 제이와 나.

분을 하루에 세 번씩 우리가 줘야만 한다. 아침에는 우유를 주고, 저녁에는 쌀을 주는데, 그것을 먹으러 서른 마리나 되는 침팬지들이 콩고 인 직원 주변에 모여든다. 아침과 저녁 사이에는 상당량의 과일을 먹어 치운다.

침퐁가 보호 구역 주변에는 아름다운 자연 그대로의 지역이 있는데 정부가 이 지역을 자연 보존 구역으로 지정하는 데 동의했다. 그곳에는 야생 침팬지가 있기는 하지만 그리 많지는 않다. 우리는 이 지역의 모든 마을의 촌장들과 이야기를 나눴는데, 그들은 우리 일을 돕기로 약속했다. 대가로 우리는 이들 마을 사람들을 직원으로 고용했고, 그들이 생산한 과일과 채소 들을 구입했으며, 그들이 더 이상 수확하지 못하게 될 야생 과일의 값을 치루었다. 또한 학교 건물을 고쳐 주고, 작은 진료소도 설립하고 있다. 우리는 관광객들이 찾아와서 우리의 보호 구역을 돌아보고, 이 지역에서 보다 많은 돈을 쓰기를 바란다. 이것이야말로 아직 남아 있는 야생 동물들을 보호하는 데 도움을 줄 수 있는 최선책이 될 수 있다.

보호 구역에 사는 마흔여덟 마리의 침팬지들 모두가 자신만의 개성을 지니고 있고, 또한 짧지만 슬픈 삶을 살아왔다. 당연히 이들 모두에게는 이름이 있다. 몇몇은 애완용으로 팔려서 집안에서 자라다가 더 이상 키우기에는 너무 덩치가 커지고 위험해져서 우리에게 넘겨진 것들도 있다. 침팬지가 다

◐ 침퐁가 보호 구역에
있는 고아 침팬지들.
◐ 치녹과 은골로,
콩고의 침팬지 친구들.

섯 살에서 일곱 살 정도가 되면 이런 일이 늘 일어난다.

릭키라는 침팬지에게는 재미있는 일화가 있다. 암컷인 릭키는 어느 콩고 인에게 팔렸는데, 이 콩고 인은 그녀를 무척이나 좋아하여 집에서 함께 데리고 살았다. 그가 오랜 기간 동안 집을 떠나 있어야만 했을 때는 불쌍한 릭키는 집 밖으로 쫓겨났다. 그를 제외한 나머지 식구들은 릭키를 그다지 좋아하지 않았던 것이다.

릭키는 겨우 두 살이었다. 릭키는 필사적으로 사랑받기를 원했고 믿을 만한 보호자가 안정을 주기를 바랐다. 그래서 릭키는 헨리에게 접근했다. 헨리는 중간 크기의 털복숭이 개였는데 그도 역시 집 밖에 쫓겨나 살고 있었다.

놀랍게도 헨리는 릭키를 받아들였다. 릭키는 한 손으로 헨리의 털을 잡고 헨리 옆에서 함께 잤다. 그리고 헨리가 동네의 쓰레기통을 뒤지러 돌아다닐 때에 릭키는 헨리의 등에 올라타 따라다녔던 것이다!

마침내 릭키의 주인이 여행에서 돌아왔고, 우리는 그를 설득해서 릭키가 더 나이를 먹기 전에 침퐁가 침팬지들과 함께 살도록 했다.(침팬지들은 나이를 먹으면 먹을수록 이미 형성된 집단에 데리고 들어오는 것이 더욱 더 어려워진다.) 릭키는 이제 형편이 좋아졌지만, 나는 혼자 남은 불쌍한 헨리가 걱정되었다. 하지만 헨리의 주인은 꽤 괜찮은 사람이어서 내가 걱정하고 있음을 그래지엘라가 알려 주자, 바로 헨리에게 다른 개 친구를 만들어 주기로 약속했다.

우리는 또한 브룬디, 우간다, 그리고 가장 최근에는 탄자니아에서 이와 같은 어미 잃은 침팬지들을 돌보고 있다. 그리고 케냐에서는 대규모의 보호 구역을 새로 세우는 일을 하고 있다. 많은 고아 침팬지들이 중앙아프리카의 자이르에서 포획되고 있지만, 현재 이 나라는 정치적, 경제적 문제가 많아서 관리들이 야생 동물에 대한 법과 규제 중 어느 하나라도 집행하는 것이 거의 불가능하다.

우리의 보호 구역 안에 있는 침팬지들은 운이 좋다. 동물 상인들이 새끼 침팬지들을 거래하는데, 그들은 수천 마리의 살아 있는 동물들에게 고통을 주고 돈을 버는 정말로 사악한 사람들이다. 이들은 침팬지 새끼를 아주 열악한 환경에 두기 때문에 많은 수가 죽어 나간다. 대부분의 아프리카 나라들에서 침팬지를 수출하는 것은 불법이다. 따라서 상인들은 침팬지 새끼를 작은 상자에 넣어서 가짜 표지를 붙여 밀수출하고 있다. 많은 침팬지들이 이 과정에서 죽어 간다.

이런 과정에서 살아남은 침팬지들에게는 어떤 일이 일어날까? 어떤 것들은 동물원으로, 특히 개인적으로 야생 동물을 수집하기 좋아하는 부유한 아랍 인들 소유의 동물원으로 팔려 가기도 한다. 또 어떤 것들은 서커스단으로 팔려 가 조련

우리의 창살 너머로 밖을 내다보고 있는 실험실 침팬지들.

을 받는다. 이런 조련은 거의 항상 잔인하다. 우선 쇠막대기로 침팬지들을 때려서 순종하는 것을 가르친다. 그러고 나면, 침팬지들이 자신들의 조련사를 무서워하기 때문에 그들은 밤낮을 가리지 않고 매일 우스꽝스러운 옷을 입고 멍청한 몸짓을 공연하게 된다. 침팬지들이 광고에 이용될 때도 이와 아주 똑같다.

어떤 침팬지들은 애완용으로 팔린다. 침팬지들이 어릴 때는 깜찍하고 귀여운 아기 같다. 그리고 그들은 사람 아기가 하는 짓들을 뭐든 다 할 수 있다. 가구에 올라간다거나 커튼에 매달려 그네를 타는 것과 같은 일들은 침팬지들이 훨씬 잘한다. 그러나, 앞서 언급했듯이 침팬지가 다섯 살에서 일곱 살이 되면 더 이상 인간의 가족으로 남아 있을 수 없다. 안전하지가 못한 것이다.

그럼 이 침팬지들에게 어떤 일이 일어날까? 침팬지들은 자신들이 인간이라고 생각한다. 이들은 다른 침팬지들과 어울리는 방법을 모른다. 결국 배울 수는 있다 하더라도, 너무나 오랜 시간이 걸리며 대부분의 동물원에서는 이런 데 시간을 투자하려고 하지 않는다. 그래서 대부분의 경우 침팬지들은 의학 연구 실험실에서 그 생을 마치며, 서커스단에서 일했던 대부분의 침팬지 또한 이곳에서 생을 마감한다.

침팬지의 몸이 우리 몸과 아주 흡사하고, 우리가 걸리는 모든 병에 그들도 걸릴 수 있기 때문에, 수백 마리의 침팬지들이 실험실에서 과학자들이 질병의 치료법이나 백신을 찾아내는 데 이용된다. 너무도 지독한 일은 침팬지들이 사람과 같은 병에 걸릴 뿐 아니라 그들도 우리처럼 고통을 느낀다는 사실을 사람들은 이해하지 못하거나, 아니면 알더라도 신경을 쓰지 않아서 침팬지들이 아주 함부로 다루어지고 있다는 사실이다.(실험실에 있는 다른 동물들과 마찬가지로 아주 함부로 다루어진다.) 침팬지들은 종종 혼자서 좁은 철창에 가두어진다. 앉을 만한 편한 자리도 없고, 가지고 놀 것도 없다. 그들이 다쳤을 때 위로해 주고 사랑해 줄 아무도 없다. 만약 사람에게 이런 짓을 한다면 그 사람은 미쳐 버릴 것이다. 침팬지들도 마찬가지다.

언젠가, 아마도 그리 멀지 않은 날에, 과학자들은 약품을 시험하거나 인간의 질병에 대해 알기 위해서 동물들을 사용할 필요가 없어질 것이다. 과학자들은 아주 현명해서 그런 실험을 대신할 수 있는 다른 방법을 찾아낼 것이다. 하지만 그렇게 되기 전까지, 오늘날 실험용 동물들에게 더욱 좋은 생활 공간을 마련해 주고, 더 많은 보살핌과 존중, 사랑을 받을 수 있게 하는 일은 무엇보다도 절박한 일이다.

침팬지가 있는 실험실로 찾아가는 것은 내게는 아주 견디기 힘든 일이다. 하지만 내가 그들을 도우려 하는 한 이 일을 해야만 한다. 일이 어떻게 돌아가고 있는지를 내 눈으로 직접 보고 싶기 때문이다. 간접적으로 듣는 얘기는 틀릴 때가 종종 있다.

    내가 첫 번째로 찾아간 실험실은 최악의 상태였다. 아주, 아주 좁은 우리 안에 새끼 침팬지들이 갇혀 있었다. 그 우리는 전자 오븐처럼 생긴 강철 상자 안에 있었다. 이것은 한 침팬지의 세균이 다른 침팬지나 사람에게 감염되는 것을 막기 위한 것이었다. 나는 사람들이 침팬지를 그처럼 다룰 수 있다는 것을 믿을 수가 없었다. 나는 책임자 및 직원들과 대화를 했다. 나는 그들에게 야생에서의 침팬지의 생활에 대한 슬라이드와 영화들을 보여 주면서 내가 그렇게 불쾌하게 느끼게 된 이유를 이해시키려고 하였다. 그리고 나는 내가 미국 전역을 돌아다니며 강연하는 동안에 그 실험실에서 보았던 상황에 대해서 이야기했다.

    전에 침팬지와 전혀 무관한 일을 했던 그 책임자는 운이 좋게도 나의 말에 귀를 기울여 주었다. 그는 자신의 실험실에서 동물들을 제대로 다루지 못했다는 것을 깨달았다. 그는 가까스로 자금을 마련해서 우리들을 보다 크게 만들었다. 그는 새끼 침팬지에게 가지고 놀 장난감과 기어오를 구조물을 만들어 주었다. 무엇보다도 훌륭했던 것은 침팬지들을 하나하나 따로 가두어 두는 대신에 그들을 서로 짝 지어 주기 시작했다는 것이다. 그래서, 상황이 나아지고는 있지만 그래도 변화의 속도가 너무나 느리다. 할 일이 너무도 많이 남아 있다.

미래의 희망

침팬지는 우리와 너무도 닮았다. 혈액과 질병에 대한 침팬지의 반응은 우리와 같으며, 그들의 두뇌는 다른 어떤 동물의 두뇌보다도 우리의 것과 비슷하고, 행동의 많은 부분이 우리의 행동과 흡사하다. 그들은 긴 유년기 동안에 많은 것을 배운다. 그리고 그들은 남이 하는 행동을 보고는 따라하면서 배운다. 대부분의 동물들은 그렇게 할 줄 모른다. 침팬지 가족은 서로 매우 친밀하며 서로를 돕는다. 침팬지들은 반가울 때는 끌어안고 입을 맞추고, 겁이 날 때는 손을 잡거나 서로에게 매달리며, 누구를 달랠 때는 부드럽게 등을 두드려준다. 누군가에게 화가 났을 때는 거들먹거리고 주먹을 날리며 발로 차기도 한다. 그들은 기쁨과 슬픔, 불안과 분노, 절망을 느낄 수 있다. 다른 침팬지에게 연민이나 사랑을 느낄 수도 있다. 그들의 두뇌는 아주 복잡하기 때문에, 우리가 단지 사람만이 할 수 있을 것이라고 여기는 많은 일들을 침팬지들도 할 수 있다. 예를 들면 문제를 푼다거나 앞으로 할 일들을 계획한다거나 하는 일들이다. 사로잡힌 침팬지들이 농아들이 사용하는 수화 신호를 300개가량 배우기도 했다. 그들은 그런 방식으로 서로서로 의사소통을 하거나, 조련사와 의사소통을 할 수도 있다. 어떤 침팬지들은 그림 그리기를 좋아하는데, 수화를 할 줄 아는 경우에는 그 그림이 무엇을 그린 것인지 얘기해 줄 수도 있다. 나에게는 흐릿한 붉은색과 자주색의 아름다운 그림이 하나 있는데, 그 침팬지 화가는 자신의 인간 선생님에게 그림을 건네주면서 수화로 "아이스크림!"이라고 가르쳐 주었다. 노란색과 붉은색으로 그려진 또 다른 작품은 "바나나 꽃"이라고 제목을 붙였다.

   침팬지들은 매우 공격적이고 잔인해질 때도 있다. 자기 영토의 경계를 순찰할 때에는 다른 집단에서 온 낯선 침팬지를 죽이기도 한다. 하지만 동시에 그들은 매우 친절하고 애정이 넘친다. 내가 가장 좋아하는 이야기는 스핀들과 꼬마 멜에 관한 이야기이다. 멜은 세 살 하고도 3개월이 막 지날 무렵 어미를 잃었다. 그에게는 돌봐 줄 형이나 누나도 없었다. 그는 세상에 홀로 버려졌고, 그나마 튼튼하지도 못했다. 우리는 모두 멜이 죽을 줄 알았다. 하지만 놀랍게도, 열두 살 먹은 젊은 수컷인 스핀들이 멜을 양자로 삼았다. 이리저리 돌아다니는 동안 스핀들은 항상 멜을 기다려 주었고, 멜이 등에 올라타도록 해 주는가 하면 밤에 잠도 함께 잤다. 멜이 손을 내밀고 낑낑거리면서 애원하면 음식을 나누어 주었다. 홍분한 큰 수컷들 근처에 멜이 가까이 가기라도 하면, 스핀들은 달려가서 양자를 구해 냈다. 이럴 때 큰 수컷들은 자기가 지나가는 길에 있는 어린 침팬지들을 내팽개쳐 버리기 때문에, 스핀들 자신도 종종 내동댕이쳐지곤 했다.

스핀들은 멜의 목숨을 구해 주었다. 하지만 스핀들은 멜의 어미와 별로 친하지 않았다. 그들은 함께 지낸 적도 별로 없었다. 그런데 왜 스핀들은 멜을 양자로 들였을까? 멜의 어미는 폐렴으로 보이는 전염병에 걸려 세상을 떠났다. 그리고 스핀들의 어미도 그때 세상을 떠났다. 스핀들은 멜처럼 어미가 필요하지 않았고, 그때쯤에는 대부분의 시간을 다 자란 수컷들과 함께 지내고 있었다. 하지만 여전히 스핀들은 가끔씩 자신의 나이 든 어미 곁에서 어슬렁거리곤 했다. 아마도 그녀의 죽음은 스핀들의 삶에 공허함을 가져다주었을 것이다. 그리고 아마도, 그가 꼬마 멜과 맺은 친밀한 관계가 그 공허함을 메우는 것을 도와주었던 것 같다. 스핀들이 어째서 그렇게 했는지 정확하게 알 길은 없다.

침팬지들과 마찬가지로, 우리 인간들도 본성적으로 두 가지 면을 지니고 있다. 우리는 심술궂고 적의에 가득 차 있을 때도 있지만, 또한 친절하고 사랑에 넘칠 때도 있는 것이다. 이런 두 가지 면들 중에서 어느 쪽이 이기는가는 우리가 선택하는 문제이다. 그렇지 않을까? 만약 누군가에게 정말로 화가 나 있어도, 그것을 꼭 밖으로 나타내야만 하는 것은 아니지 않은가? 그럴 때 반드시 고함을 지르거나 사람을 때려야 하는 것은 아니다. 만약 정말로 그렇게 하기로 마음만 먹는다면, 분노의 감정은 통제할 수 있는 것이다. 그렇지 않을까?

여러분이 여러 가지 일들에 어떻게 반응하는지, 여러분 자신에 대해 기록해 보자. 여러분은 여러분이 하는 일이 항상 마음에 드는가? 그것을 바꿀 수 있는가? 바꾸기를 원하는가? 다른 사람들이 서로에게 어떻게 하는지(혹은 하지 않는지) 관찰해 보라. 마치 내가 침팬지를 관찰하듯이 말이다. 나중에 그것에 대해 이야기하고, 기록한 것을 비교할 수 있을 것이다. 재미있는 일이 될 것이다!

인간은 온갖 종류의 고귀하고 훌륭한 일들을 할 수 있다.

심지어는 자신의 일생을 타인을 돕는 일에 바칠 수도 있다. 하지만 인간은 또한 가장 끔찍하고 사악하며 잔인한 일들을 할 수도 있다. 우리는 정말 선할 수도 있고, 또한 악할 수도 있는 것이다. 슬프게도, 신문이나 텔레비젼은 나쁜 일들을 보도하기를 좋아하는 것 같다. 우리는 종종 인간들이 점점 더 나빠져 간다는 생각을 하게 된다. 매일 우리는 세상에서 일어난 끔찍한 폭력(전쟁들)에 대한 소식을 듣는다. 마약과 도시의 조직 범죄, 유괴와 테러리즘은 어디에나 있는 것 같다.

그리고 물론 그것들은 모두 사실이다. 하지만 언제나 일어나고 있는 멋진 일들과, 보통의 선량한 사람들에 대한 이야기를 더 많이 들을 수 있으면 좋을 것 같다.

전쟁이나 범죄, 잔혹 행위뿐만 아니라, 우리는 환경 오염이나 온실 효과, 점점 커지고 있는 오존 구멍, 지구 온난화 등의 환경 문제에 대해서도 걱정해야만 한다. 나는 아프리카의 인구 폭발과 황폐화, 기아에 대해 이야기했었다. 물론, 그 외의 여러 지역에서 비슷한 문제가 일어나고 있다. 점점 많은 아기들이 태어나고, 사람들의 수명은 점점 길어지고 있으며, 자연은 점점 사라지고, 따라서 점점 많은 야생 동물들이 살 곳을 잃고, 목숨마저 잃는다.

우울한 얘기다. 그렇지 않은가? 사실, 많은 과학자들은 우리에게 희망이 없다고 생각하고 있다. 그들은 우리가 자연을 너무도 많이 파괴해서 회복될 수 없을 것이라고 이야기하고 있다. 그리고 우리 인간들이 이기적이고 잔인한 존재이며 결코 바뀔 수 없을 것이라고, 세상에는 언제나 전쟁과 폭력이 존재할 것이라고 믿는 사람들도 있다.

나는 그렇게 생각하지 않는다. 다행히도, 우리는 적어도, 우리가 환경을 위험할 정도로 파괴했으며, 그로 인해 우리들 또한 위험한 지경에 이르렀다는 사실을 이해하기 시작한 것이다. 우리는 지구상의 문제들이 서로 연결되어 있다는 사실을 이해하기 시작했다. 어떻게 연결되어 있는지 예를 하나 들어보자. 미국의 거대한 목재 회사가 아프리카의 방대한 숲에서 벌목을 한다. 그들은 열대림의 견고한 목재를 여러 나라에 판다. 그러므로 가구를 사는 모든 사람은 숲을 파괴하는 것을 돕는 일이고, 숲의 파괴는 지구 온난화를 진행시킨다. 결국 우리는 해결책을 찾아 나가는 과정에 있어서 제일 먼저 풀어야 하는 문제가 무엇인지 알고 있는 셈이다.

내가 말했듯이, 침팬지 연구는 우리가 생각해 왔던 것만큼 우리 인간들이 동물들과 크게 다르지 않다는 사실을 실감하게 만들었다. 우리를 그들과 다르게 만든 것은 우리가 가장 영리한 침팬지들보다도 훨씬 더 영리하다는 것과, 언어를 가지고 있다는 사실이다. 우리는 말을 할 수 있다. 우리는 한 주나 1년, 혹은 10년 전에 무슨 일이 일어났는지를 이야기할 수 있다. 우리는 장래의 계획을 세울 수도 있고, 의논을 할 수도 있다. 한 사람의 생각은 다른 사람들의 영향을 받아 점점 커지기도 하고 바뀌기도 한다. 훌륭한 생각들은 더 훌륭해지고, 문제들은 해결된다.

나는 인간이라는 종에 대한 믿음을 가지고 있다. 그 놀라운 두뇌로, 우리는 여러 가지 훌륭한 기계들을 창조해 냈다. 100년 전만 해도 절대 불가능하다고 여기던 많은 일들(달에 가거나 팩스를 보내는 일, 사람의 병든 뼈를 금속이나 플라스틱으로 대체하는 것 등.)이 지금에 와서는 가능해졌다. 불행히도, 우리에게 이로운 많은 기술들이 자연에는 그리 이롭지 못하다.

이제 우리들은 냉장고나 에어컨 같은(그 외에도 그야말로 훨씬 더 많은) 훌륭한 발명품들이 사실상 환경을 파괴하는 독성 물질을 방출한다는 사실을 알게 되었고, 그런 문제들을 해결하기 위해 일을 시작하고 있다. 더 많은 일들을 해야 하지만, 어쨌거나 우리는 시작한 것이다.

세상의 젊은이들이 그러한 문제들을 인식할 뿐만 아니라, 그 문제들을 해결하기 위해 실제로 무엇인가를 하고자 한다는 것이 내게는 가장 큰 희망이다. 그리고 지구의 미래는 젊은이들의 손에 달려 있기 때문에, 나는 지구를 살리기 위한 여러분의 노력에 일조하기로 한 것이다. 내가 시작한 것은 "루츠와 슈츠" 프로그램이다. 그것에 대해 들어보거나 그 계획에 참가한 적이 있는가? 이것은 매우 새로운 계획이다. 이 계획은 1991년 다르에스살라암에서 고등학생들로 이루어진 작은 모임으로부터 시작되었다. 그리고 1993년에 유럽과 미국 등지로 퍼져 나갔다.

여기에 "루츠와 슈츠"라는 이름이 붙은 것은 뿌리(루츠)는 땅 밑에서 조금씩 자라 단단한 토대를 만들고, 새싹(슈츠)은 비록 작고 연약해 보이지만 햇빛을 받기 위해서 벽돌 담장도 무너뜨릴 수 있기 때문이다. 뿌리와 새싹은 여러분과 여러분의 친구들, 그리고 이 세상 모든 곳의 젊은이들이다. 수백 수천의 뿌리와 새싹들이 문제들을 해결하고, 세상을 변화시켜 보다 살기 좋은 곳으로 바꿀 수 있을 것이다.

내가 여러분, 바로 이 책을 읽고 있는 여러분에게 말해 줄 수 있는 가장 중요한 이야기는 바로 여러분 하나하나에게 할 일이 있고 여러분이 변화를 가져올 수 있다는 것이다. 선택을 해야만 한다. 여러분은 인간과 동물들에게 더 나은 세상, 더 나은 환경을 만들기 위해 노력하면서 살 것인가, 그러지 않을 것인가?

대부분의 사람들이 내가 "나 하나쯤 주의"라고 부르는 것에 빠져 있는 것 같다. 그것이 무엇이냐고? 예를 들면, 여러분들이 양치질을 하면서 수도꼭지를 틀어 놓은 채로 둔다거나, 쓰레기를 버리고 줍지 않는다든지 하는 일이다. 그런 일들이

○ 코네티컷에서 "루츠와 슈츠" 친구들과 나.

○ 아프리카의 젊은이들에게 나무를 심도록 격려하고 있다.

나쁘다는 것은 알고 있지만, 그게 무슨 상관이람? "무슨 차이가 있겠어?"라고 여러분은 생각할지 모른다. "세상에는 수백만의 사람들이 있는데, 나 하나쯤이야……. 작은 수도꼭지 하나 잠그지 않고, 작은 전등불 하나쯤 켜 두는 것, 쓰레기 하나 버리는 것이 뭐 그리 대수겠어? 어쨌거나 아무도 모를 텐데 말이야." 물론, 정말 소수의 사람들만이 그렇게 한다면 문제가 되지 않을지 모른다. 하지만 수백만의 사람들이 모두 "나 하나쯤이야 문제가 되지 않을 거야. 어쨌거나 아무도 모를 텐데 말이야."라고 중얼거린다고 생각해 보자. 수백만 리터의 물이 낭비되고, 수백만 개의 전등이 전력을 소모하고, 엄청난 양의 쓰레기가 버려질 것이다. 이것은 너무도 심각한 문제다. 이쯤 되면 내가 무슨 이야기를 하는지 이해할 수 있지 않을까?

"루츠와 슈츠" 클럽이나 모임들은 이제 열다섯 개 나라에 걸쳐 있다. 회원들은 어떻게 하는 것이 동물들과 환경, 자기 자신과 자신이 속한 사회에 가장 이로운 변화를 줄 수 있을 것인지를 결정한다. 구체적인 활동은 장소에 따라 달라질 수 있을 것이다. 여러분과 여러분의 모임이 나무를 심기로 한다면 여러분 주변 환경에 큰 변화를 가져올 수 있을 것이다. 또 재활용 프로그램이나 쓰레기 수거 활동을 시작하거나 개선시키는 일이 더 중요할지도 모른다. 동물들의 행동을 조사하고 알게 된 것을 이야기하고, 글로 쓰고, 그림으로 그려서 다른 사람에게 알린다면 동물들의 보호에 큰 도움을 줄 수 있을지도 모른다. 혹은 여러분의 주변에 믿음직하고 열정적인 자원 봉사자를 필요로 하는 일이 있을지도 모른다. 여러분이 살고 있는 지역의 복지를 위해서는 집이 없는 사람들을 위해 헌 옷을 모으거나, 병원에 있는 아이들을 방문하거나, 초등학교에 다니는 불우한 어린이들에게 자신의 지식과 생각을 나누어 주는 등의 일을 할 수 있다.

여러분이 슬퍼하거나 토라진 사람을 미소 짓게 했을 때, 여러분은 세상을 더 나은 곳이 되도록 도왔다는 생각이 들지 않는지? 개가 기뻐서 꼬리를 흔들도록 했을 때는 어떨까? 말라서 시들어 가는 식물에 물을 주었을 때는? 기운이 난 사람, 기뻐하는 개, 무성한 식물들, 그리고 여러분 자신. "루츠와 슈츠"가 추구하는 것은 바로 모든 존재들 하나하나의 가치(인간이든 아니든)를 존중하는 것이다.

요즈음의 나는 아주 많은 시간을 비행기를 타고 이 나라에서 저 나라로 옮겨 다니고, 기금을 모으며, 사람들과 이야기를 나누고, 여러 학교에서 "루츠와 슈츠" 모임을 시작하는 등의 일을 하면서 보낸다. 이것은 꽤나 지치는 일이다. 나는 짐을 싸고, 또 꾸리고 하는 일이 싫다. 다림질! 나는 다림질을 끔찍하게 싫어한다. 하지만 내가 여기저기서 만나는 놀라운 사람들 덕분에, 그 일은 무엇보다도 할 만한 일이 되었다.

여러분에게 블링키 로드리게스의 이야기를 해 주겠다. 그는 한때 킥복싱 챔피언이었다. 그의 아들 중 하나는 로스엔젤레스에서 차를 타고 돌아다니는 갱단에게 사살되었다. 블링키는 복수를 하고 싶었다. 하지만 그가 법정에 가서 체포된 세 명의 젊은이들을 보았을 때, 그는 이렇게 말하는 목소리를 들은 것 같았다. "블링키, 만약 네 자신과 남은 네 가족들을 생각한다면, 너는 그들을 용서해야 해."

글쎄, 여러분들이 상상할 수 있듯이 그것이 블링키에게 그리 쉬운 일은 아니었다. 하지만 그럭저럭 그는 자기 아들을 죽인 살인자들을 죽이고 싶다는 생각은 하지 않게 되었다. 그 후에 그는 자신이 사는 지역의 갱단들이 저지른 범죄들과 정당한 이유도 없이 살해되는 많은 젊은이들을 생각하게 되었다. 그는 이웃의 라틴아메리카 계의 갱단 두목과 이야기하기 시작했고, 그들 중 일흔다섯 명이 "평화 협정"에 서약하도록 설득했다. 한 해가 지난 후에 그 일흔다섯 명의 갱들을 포함해서 그 지역에는 살인이 단 한 건만 일어났다. 바로 일이 년 전에만 해도 사오십 건의 살인이 일어났던 것을 생각해 보면, 블링키는 확실히 큰 변화를 가져온 것이다!

그리고 게리 혼의 이야기가 있다. 그는 미국군해병대에 있을 때 헬리콥터를 타다가 실명하고 말았다. 내가 처음 게리를 만났을 때, 그는 나와 이야기를 하면서 내 눈을 들여다보는 것처럼 보였다. 나는 그가 카드를 가지고 어린이들에게 더할 나위 없이 멋진 마술을 보여 주는 것을 보았다. 그래서 나는 그가 무언가를 볼 수 있을 것이라고, 적어도 빛과 어둠 정도는 구분할 수 있을 것이라고 확신하게 되었다. 하지만, 그는 사실 완전히 맹인이었다. 그는 단지 자신이 "맹인"이라는 사고 방식을 극복할 수 있게 된 것이었다. 그는 스카이다이빙을 하고, 크로스컨트리 스키를 타며, 조깅도 한다. 게다가 골프도 친다. 무엇보다 중요한 것은, 그가 유머 감각이 넘치는 멋진 사람이라는 것이다.

여러분 주변에도 틀림없이, 아주 끔찍한 문제를 안고 있지만 쾌활하게 보이려고 애쓰고, 여러분을 미소 짓게 만드는 그런 사람들이 있을 것이다. 그들은 불평하고 한탄할 권리가 있다. 여러분이 그런 사람들을 알고 있다면, 내게 그들에 대한 이야기를 전해 주어 내가 그들과 아픔을 나눌 수 있도록 해주면 좋겠다. 그리고 말이 난 김에, 여러분에 대한 이야기도 말이다. 여러분은 세상을 더 나은 곳으로 가꾸기 위해 어떤 일들을 하고 있는지?

나는 가능한 한 많은 시간을 곰베에서 보내려고 애쓴다. 곰베에 아주 잠깐씩밖에 들를 수 없다는 것은 나를 슬프게 한다. 하지만 그럴 때 나는 또 내가 얼마나 운이 좋았는지를 생각해 본다. 나는 수십 년을 내가 가장 하고 싶었던 일들을 하면서 지냈다. 즉 숲에서 자유로운 야생의 침팬지들과 함께 보낸 것이다. 이제는 돌려주어야 할 때이다. 내가 숲에서 침팬지들과 지냈던, 그 경이로운 시간들에 대해 보답을 할 때가 된 것이다. 앞서 말했듯이, 내가 발견한 것들과 내 생각들을 가능하면 많은 사람들(예를 들면 여러분과 같은)에게 나누어 주는 것이 내가 할 수 있는 최선의 일이라고 생각한다. 그래서 사람들이 침팬지들과 야생 지역들이 처한 어려움을 이해하고, 도울 수 있도록 말이다.

나는 "야생 동물 주간" 중에, 곰베 지역 사람들에게 경이로운 침팬지들의 생활을 보여 주며 지냈다. 우리는 침팬지들이 도구로 사용하는 물건들을 멋지게 전시해 두고 있다. 우리는 이제 아프리카 각지에서 연구되는 침팬지들이 각각의 목적에 맞게 도구들을 사용한다는 것을 알고 있고, 그래서 "침팬지 문화"에 대해 이야기할 수도 있게 되었다. 우리는 사진들을 전시하고 침팬지의 행동을 담은 비디오를 보여 준다. 그리고 숲의 황폐화, 과다한 방목, 인구 과잉의 위험을 알리는 일도 한다. 3,000명이 넘는 학생들이 수 킬로미터를 걸어서 이곳을 찾아왔다.

야생 동물 주간 중 이틀은 특별히 주변 학교의 "루츠와 슈츠" 회원들을 위한 날이다. 회원들은 환경과 야생 동식물들에 대한 메시지를 담은 공연을 하고, 노래를 부르고 춤을 춘다. 그들은 정말 뛰어나다! 전시장의 벽은 아프리카의 여러 지역에 있는 "루츠와 슈츠" 회원들이 보내온 그림들로 뒤덮여 있다. 모두 동물이나 환경에 대한 내용들이다.

이번 주간의 하이라이트는 우리들의 가장 신나는 계획, TACARE의 개막식이었다. 이것은 탄자니아의 숲을 되살리고 보존하며 사람들을 교육하기 위한 프로그램인데 유럽 연합(EU)의 지원을 받고 있다. 우리는 탕가니카 호숫가의 산과 언덕에 숲을 되살리고, 사람들이 자연과 조화를 이루며 더 나은 삶을 살 수 있게 되기를 희망한다. 지금은 곰베 강가의 15킬로미터 정도를 제외하고는 나무들이 거의 없어졌다. 변화가 곧 일어나지 않는다면 사람들은 굶어 죽게 될 것이다.

TACARE는 주민들에게 온실을 보급해서 자신들이 베어 넘긴 나무를 대신할 새로운 나무들을 기를 수 있도록 했다. 주민들은 기뻐했고, 계획은 잘 돌아가고 있는 것 같다. 이미 호숫가에 있는 열두 개 정도의 마을에 온실이 설치되었다. 물론, "루츠와 슈츠"는 이 계획의 아주 중요한 부분을 차지한다. 우리는 곧 이 열두 개의 마을 모두에 "루츠와 슈츠" 클럽이 생겨나기를 기대하고 있다.

이 주간에 곰베의 현지 직원들은 아주 중요한 일을 맡는다. 그들은 침팬지에 대해서 아주 잘 알고 있다. 그들은 기꺼이 어린이들에게 침팬지와 그들의 행동, 그들이 먹는 음식들에 대해 설명해 준다. 우리가 직원들에게 임금을 지불할 수 있는 동안은 곰베에서 밀렵 따위는 일어나지 않을 것이다.

호숫가의 숲에 살고 있던 침팬지들은 그들의 집인 나무들이 사라지면서 함께 사라져 버렸지만, 곰베의 침팬지들은 안전하다. 그들을 찾아갔을 때, 나는 내가 그토록 사랑하고 내게 친숙한 그 숲, 이리저리 얽힌 나뭇가지들과, 갈색, 노란색, 초록색의 그림자로 이루어진 부드러운 빛의 세계로 돌아갈 수 있었다. 나는 숲에서 새로운 힘을 얻고, 또 평화스러운 느낌을 가지고서, 순회 강연이 기다리고 있는 어수선한 세상으로 돌아오는 것이다.

지난 번 곰베를 방문했을 때 나는 단지 일주일밖에 머물 수 없었다. 하지만 그래도 얼마나 즐거운 한 주였던지. 나는 피피와 그 가족들 대부분, 그리고 그 외에도 카사켈라 무리의 많은 침팬지들을 만나볼 수 있었다. 그리고 나는 공원 북쪽의 미툼바 골짜기, 내가 처음으로 음살룰라 나무에 있는 침팬지들을 관찰했던 바로 그곳에 가 보았다. 이 골짜기는 미툼바 무리의 영역이다. 이들의 대장은 쿠사노라고 불리는 뛰어난 수컷이다. 쿠사노란 이름은 올드맨이 구해 준 청년의 이름 마크 쿠사노를 따서 우리가 붙인 것이다.

내가 도착하기 네 달 전에 미툼바 무리에서는 아주 놀라운 일이 일어났다. 암컷 한 마리가 쌍둥이를 낳은 것이다. 우리가 연구를 한 35년 동안에 쌍둥이를 본 것은 이것이 두 번째였다. 첫 번째 쌍둥이는 20년 전 멜리사에게서 태어났다. 그들은 아주 작고 약했는데, 특히 한 마리가 더했다. 멜리사는 새끼들에게 젖을 충분히 주는 것 같지 않았고, 그래서 약한 새끼가 10개월이 못 되어 죽어 버렸을 때에도 우리는 놀라지 않았다.

한 마리는 암컷이고 나머지 한 마리는 수컷인 이 쌍둥이 아기 침팬지들이 둘 다 건강하고 튼튼한 것을 보고 가슴이 두근거렸다. 이들은 나이에 알맞게 자랐고, 아주 예뻤다. 그들의 어미는 아주 침착하고 놀라울 정도로 현명하게 새끼들을 보살폈다. 그녀의 이름은 라피키인데, 그것은 키스와힐리 말로 "친구"를 의미한다. 우리는 그 쌍둥이에게 루츠와 슈츠라는 이름을 붙여 주었다. 사내 아기는 루츠, 혹은 루치라고 부른다. 루츠에게는 흰색 수염이 빽빽하게 나 있는데, 데이비드 그레이비어드가 아기였을 때 아마도 루츠와 같은 모습을 하고 있었을 것이다. 여자 아기인 슈치는 턱 끝에 하얀 털이 조금 나 있을 뿐이다. 둘 다 놀란 듯한 큰 갈색 눈에 민첩해 보이는 얼굴을 하고 있다. 그들은 매우 활동적이고 호기심이 많다. 종종 그들이 얼굴을 서로 맞대고 잠시 들여다보다가, 입술을 만지고, 또 서로에게 입을 맞추는 것을 보기도 한다. 우리들 모두 그들이 살아남기를 빌었다.

그날 저녁 나는 호숫가에 앉아, 탕가니카 호수 저편 자이르의 산 너머로 해가 지는 것을 바라보고 있었다. 아주 평화로워 보였지만, 나는 그 너머에 사냥꾼들이 있다는 것, 그들이 침팬지를 단번에 쏘아 맞추기 위해서 침팬지들이 잠자리를 만드는 장소를 기록하고 있다는 것을 알고 있었다. 만약 피피와 꼬마 페르디난드가 그곳에 살고 있다면, 혹은 라피키와 그녀의 아기들이 그곳에 있다면 그들에게 어떤 일이 일어날 것인가! 나는 지난 해에 키고마에서 자이르 사냥꾼들로부터 몰수한 여섯 마리의 불쌍한 어린 침팬지들을 떠올렸다. 그중 네 마리는 아직 살아 있고, 곧 넓은 보호 구역으로 옮겨질 것이었다. 하지만 그들은 아주 조그마했고, 눈에는 슬픔이 가득했다. 우리는 그들을 기쁘게 해 주려고 최선을 다했지만, 그들은 어미와 자유를 이미 잃어버렸다.

키고마에서 그리 멀리 떨어지지 않은 곳에 피난민 수용소가 있다. 이웃해 있는 작은 나라 르완다로부터 폭력을 피해 넘어온 사람들이 있는 곳이다. 거기에는 많은 고아들이 있는데, 그 아이들은 자기 부모가 살해되는 것을 직접 목격했다.

우리는 어떻게 하면 이 상처받고 절망한 사람들과 동물들을 위해서 세상을 더 살 만한 곳으로 만들 수 있을까? 우리 모두 각자가 할 수 있는 작은 일이라도 해야 한다. 최근에 있었던 이야기를 하나 하자. 릭 스워프라는 사람에 대한 이야기이

◐ 라피키와 그녀의 쌍둥이, 루치와 슈치.

◐ 루치의 미래는 우리 손에 달려 있다.

다. 그는 트럭 운전사인데 매년 한 번씩 그의 아내와 어린 세 딸을 데리고 동물원에 갔다. 동물원에는 조조라는 침팬지가 있었다.

조조는 아프리카에서 태어났다. 조조가 두 살쯤 되었을 때 어미가 총에 맞아 죽었고, 조조는 북아프리카에서 동물원으로 보내졌다. 몇 년 동안 그는 수지라는 작은 암컷과 함께 살고 있었는데, 동물원 원장이 수지를 다른 동물원에 팔아 버렸고, 조조는 홀로 남겨졌다. 아마 동물원장은 이해하지 못했겠지만 그것은 아주 잔인한 처사였다.

이후 8년이 넘도록 조조는 쇠창살과 시멘트 바닥으로 된 작은 우리에 갇혀 지냈다. 이후에 동물원이 돈을 많이 벌게 되자 널찍한 침팬지 우리를 지었다. 그들은 열아홉 마리의 침팬지를 더 사들였다. 그들은 침팬지들을 서로 소개시키고 나서 새로운 집에 들여보냈다. 우리 주위에는 물이 가득 찬 해자가 둘러쳐져 있었기 때문에, 침팬지들은 도망갈 수가 없었다. 침팬지들은 헤엄을 칠 줄 모른다.

얼마 후에 싸움이 벌어졌다. 새로 온 수컷들 중 한 마리가 조조에게 싸움을 건 것이다. 물론, 조조는 싸움에 대해서는 아무것도 알지 못했다. 어떻게 알겠는가? 그는 그때까지 계속 혼자 살아왔는데 말이다. 겁에 질린 조조는 해자로 뛰어들었다. 컵으로 떠서 마시는 것 정도를 제외하고는, 조조는 물에 대해서도 아는 게 없었다.

겁에 질린 조조는 침팬지들이 익사하는 것을 막기 위해 세워 둔 보호용 울타리를 타 넘었다. 그는 수면 아래로 가라앉았다가, 숨을 헐떡거리며 다시 떠오르고, 다시 물밑으로 사라졌다. 그리고는 두 번 정도 더 떠올랐다가 사라지고 말았다. 해자의 수면에는 물결이 점점 잦아들고 있었다.

물 건너편에는 사육사를 비롯해서 얼마간의 사람들이 있었다. 사육사는 조조가 60킬로그램 정도 나간다는 사실, 그리고 수컷 침팬지는 위험할 수도 있다는 사실을 알고 있었다. 그는 그냥 서서 보기만 했다. 하지만 이날 릭 스워프가 동물원에 와 있었는데, 이것은 조조에게는 큰 행운이었다.

릭은 해자에 뛰어들었다. 사육사가 그를 말리려고 했지만, 릭이 한발 빨랐다. 릭은 컴컴한 물속을 헤엄쳐 다니다가 조조에게 몸이 닿자, 어찌어찌해서 뻣뻣하고 무거운 조조의 몸을 어깨에 들쳐 메는 데 성공했다. 가까스로 보호용 울타리를 기어오른 다음에 릭은 조조를 둑으로 밀어 올리고는 그의 아내와 아이들에게로 몸을 돌렸다. 그들은 그야말로 겁에 질려 있었다.

갑자기 사육사와 릭의 가족들이 그에게 서두르라고 외치기 시작했다. 왜냐고? 네 마리의 커다란 수컷 침팬지들이 둑에 있는 릭을 향해 덤벼들려고 하고 있었기 때문이었다. 그들의 털은 뻣뻣하게 곤두섰고, 으르렁거릴 때마다 이빨이 번뜩였다. 릭은 낯선 사람이었다. 아마도 그들은 릭이 조조를 해치고 있다고 생각했을 것이다.

릭은 멈춰 섰다. 그는 자신에게 덤벼들려고 하고 있는, 그야말로 무시무시하게 보이는 네 마리의 침팬지들을 보았다. 릭은 또한 조조가 다시 물속으로 미끄러져 들어가고 있는 것을 보았다. 둑이 너무 가팔랐던 것이다.

릭은 잠시 동안 가만히 서 있었다. 그는 겁에 질린 가족들을 돌아보았다. 그리고 그는 침팬지들을 쳐다보았다. 그는 해자로 빠져드는 조조를 보고는, 그에게 되돌아갔다.

그는 조조를 물 밖으로 밀어내고, 조조가 다시 물속으로 미끄러져 들어가지 않도록 거기서 기다렸다. 침팬지들은 아무 짓도 하지 않았다. 그들은 멈춰 서서 지켜보고 있었다. 몇 분이 지나자 조조가 고개를 들었고, 그의 입에서 물이 흘러나왔다. 조조는 비틀거리며 몇 발짝을 뗀 다음, 평평한 곳에 이르러서는 쉬려고 드러누웠다.

릭은 조조의 목숨을 구한 것이다. 마침 비디오 카메라를 들고 온 여자가 있어서, 이 모든 사건은 빠짐없이 촬영되었다. 그날 저녁 그 장면은 북아메리카의 방송망을 통해 방영되었다. 우리 연구소장이 그것을 보고 릭에게 전화를 걸었다.

"당신은 아주 용감한 일을 하셨습니다. 스워프 씨. 매우 위험한 일이란 것을 알고 있었을 텐데요. 모두들 위험한 일이라고 말렸을 텐데, 당신이 그런 일을 한 이유가 도대체 무엇인가요?"

"글쎄요. 나는 우연히 조조의 눈을 들여다보게 되었어요. 마치 사람의 눈을 보는 것 같더군요. 이렇게 말하는 것 같았어요. '누구 나를 도와줄 사람이 없나요?' 라고 말이지요." 릭의 대답이다.

글쎄, 바로 이것이 내가 시장에 팔려 나온 어린 침팬지들, 프릴이 달린 서커스 의상을 입고 있는 침팬지들, 의학 연구소 실험실의 무서운 감옥 속에 갇혀 있는 침팬지들의 눈빛에서 보아 온 것이다. 고통받고 있는 많은 동물들, 그리고 부모들이 살해당한 브룬디의 어린이들, 갱단에게 위협받고 있는 도시 빈민가의 아이들, 도망갈 방법을 알지 못하는 그들의 눈빛을 나는 보아 왔다. 그런 눈빛을 보고, 그런 목소리를 들으면서, 나는 어떻게든 그들을 도우려고 애쓰지 않을 수 없다.

여러분 역시 여러분 주변의 존재들(그것이 인간이건 아니건 간에)에게서 이러한 눈빛을 종종 볼 수 있을 것이다. 여러분의 마음속에서 그러한 목소리를 듣는다면, 여러분 역시 돕고 싶어질 것이다.

바로 이것이 우리의 바람이다. 만약 우리 모두가 그들에게 귀 기울이고, 그들을 돕기 시작한다면, 그때 우리는 모든 생물들이 함께 살아갈 수 있는 멋진 세상을 만들 수 있을 것이다. 그렇지 않을까?

야생 침팬지 연구의 선구자, 제인 구달

이문웅(서울대학교 인류학과 교수)

우리 인류는 분류학상 영장류에 속한다. 원래 영장류는 나무 위에서 살던 동물이다. 두 팔을 사용해서 철봉 놀이를 하고, 엄지와 다른 손가락들이 대향성을 이루고 있어 물건을 잡을 수 있으며, 입체적인 시각을 갖추고 있어 물건의 형태와 거리를 정확하게 포착할 수 있는 등의 체질적인 특성은 모두 나무 위에서 살던 우리 조상의 유산이라고 하겠다.

 이런 체질적인 특성 때문에 인류의 조상들이 어떻게 살았는지에 대한 연구를 위해 영장류의 행동을 연구하는 영장류학이 인류학, 특히 체질인류학의 중요한 부분으로 뿌리를 내렸다. 인간 사회의 문화를 연구한다는 인류학자들 중에 침팬지나 고릴라 등 영장류 동물들의 행동을 연구하는 학자들도 포함이 되어 있어 많은 사람들이 의아하게 생각하기도 한다. 그러나 영장류에 대한 연구를 기초로 초기 인류의 생활양식과 체질 변화 과정을 밝히려고 노력한다는 점에서 이들도 인류학 연구에 종사하고 있는 것이다.

생물학적 특성에 있어 인간과 가장 가까운 동물은 침팬지, 고릴라, 오랑우탄 등 이른바 거대 유인원들이다. 우연의 일치인지는 몰라도 이 세 종류의 유인원이 야생 상태에서 어떻게 살고 있는지를 연구한 선구자들 모두가 여성이다. 탄자니아의 곰베에서 침팬지 연구를 해 온 제인 구달(Jane Goodall), 르완다에서 고릴라 연구를 한 다이앤 포시(Dian Fossey), 그리고 남부 보르네오에서 오랑우탄을 연구한 비루테 갈디카스브린다무어(Birute Galdikas-Brindamour)가 그들이다.

이들 세 사람의 현장 연구는 미국 내셔널 지오그래픽 소사이어티에 의해서 다큐멘터리로 제작되어 학계뿐만 아니라 일반 시청자들에게도 널리 알려졌으며, 야생 영장류에 대한 현장 연구를 인기 있는 연구 영역의 하나로 올려놓는 데 크게 기여하였다. 특히「구달과 야생 침팬지들(Miss Goodall and the

Wild Chimpanzees)」(1965년, 한국어 판의 제목은「야생 침팬지의 사생활」)은 제인 구달의 초창기 5년 동안의 작업을 담은 것인데, 그의 존재를 세상에 처음으로 알렸을 뿐만 아니라 사실상 그 이후의 야생 영장류 현장 연구들을 자극했다고 할 수 있는 작품이다.

제인 구달은 지금까지도 연구를 계속하고 있는데 야생 영장류 현장 연구 분야에서 기념비적인 업적을 쌓아 왔다고 할 수 있다. 1960년 스물여섯 살의 젊은 나이로 탕가니카 호숫가에 위치한 곰베 강에 야생 침팬지의 행동을 관찰하기 위한 캠프를 설치한 이래 지금까지 36년 동안 한결 같은 현장 연구를 계속해 온 제인 구달 박사의 인내력과 강한 탐구심은 사실 어느 누구도 흉내 내기 힘든 것이다. 그의 자서전에 해당하는 이 작은 책은 이 여류 학자의 학문적인 업적뿐만 아니라 온갖 어려움 속에서도 흔들리지 않았던 외길 인생을 통해 포기하지 않는다면 도저히 불가능해 보이는 꿈마저도 이룰 수 있다는 귀중한 교훈을 독자들에게 던져 주고 있다.

사실 우리나라에서는 기껏해야 동물원에서 다른 원숭이류 동물들과 함께 있는 침팬지를 볼 수 있을 뿐이어서 침팬지에 대한 특별한 관심을 찾아보기가 힘들다. 간혹 야생 동물의 생활을 담은 텔레비전 프로그램 중에 침팬지의 생활을 담은 것이 눈에 비칠 정도이다. 실제로 우리나라 텔리비전에서도 제인 구달 박사의 침팬지나 하이에나 연구에 관한 프로그램이 여러 번 방영되었지만 이와 유사한 다른 프로그램과 마찬가지로 "동물의 세계"에 대한 시청자들의 호기심을 충족시켜 준 정도에 그쳤지 구달 박사의 깊은 뜻을 이해했던 사람은 그리 많지 않았을 것으로 생각된다.

필자가 제인 구달 박사의 침팬지 연구를 처음으로 접한 것은 1969년 미국 유학 첫 학기에 택한 "체질인류학" 강좌에서 본 다큐멘터리 영화에서였다. 현장 연구에 몰두하고 있는 구달 박사의 모습에서 나는 야생 동물 무리 속에서 마치 선녀를 보는 듯한 인상을 받았다.

필자의 인류학 강의에서도 기회가 닿는 대로 제인 구달 박사의 침팬지 현장 연구 다큐멘터리 영화를 학생들에게 보여 주곤 한다. 그의 연구는 학생들에게 "인간이란 무엇인가?" "인간이 다른 동물과 어떻게 다른가?" 등을 생각하게 하는 좋은 기회를 제공해 주기 때문이다: 제인 구달의 진지하고도 지칠 줄 모르는 연구 태도 또한 젊은이들에게 외길을 파는 즐거움이 무엇인지를 보여 주는 좋은 예가 되리라는 것을 믿어 의심치 않는다.

다행히 국내에서도 제인 구달 박사의 현장 연구를 기록한 수많은 다큐멘터리 영화 중 대표적인 작품 두 편이 한국어 해설과 함께 제작되어 시판되고 있다. 관심 있는 사람이라면 쉽게 그의 연구 과정과 결과를 접할 수 있을 것이다. 이 두 편의 비디오에는 제인 구달 박사의 대표적인 연구 결과가 담겨 있는데, 그중 하나는 연구를 시작한 첫 5년을 담은 것이고, 다른 하나는 처음 연구를 시작한 때부터 22년 동안의 연구 과정을 담은 것이다. 다음은 두 편의 비디오를 간략히 소개한 것이다.

「야생 침팬지의 사생활」(1965)

우리가 흔히 기억하는 서커스단에서 재주를 부리는 가련한 침팬지를 보여 주면서 시작하는 이 작품 「야생 침팬지의 사생활(Miss Goodall and the Wild Chimpanzees)」(1965)은 제인 구달 박사에 의해 진행된 야생 상태의 침팬지에 대한 초기 연구 성과를 담은 영상 기록물이다.

야생 침팬지를 심층적으로 관찰함으로써 인류의 진화 과정을 밝혀 줄 귀중한 단서를 얻을 수 있으리라는 기대와 함께 1960년 6월, 스물여섯 살의 젊은 나이에 제인 구달이 아프리카 탄자니아의 탕가니카 호수 근처의 곰베로 과감한 모험의 길을 떠나는 것으로부터 시작한다. 당시 그곳에는 예순 마리에서 여든 마리 정도의 침팬지가 살고 있었다.

여장을 풀자마자 침팬지를 찾아나섰지만 침팬지에 접근하는 것은 쉬운 일이 아니었다. 하루 12시간 정도를 침팬지

추적에 나섰지만 침팬지는 낌새를 알아채고 도망가기 일쑤였다. 결국 두 달이 지나서야 침팬지 털을 발견할 수 있었고, 곧이어 멀리서나마 침팬지를 관찰할 수 있었다. 침팬지들은 이 털이 없는 침입자를 너무나 경계하여 500미터 이상은 접근할 수가 없었다.

 이런 상태로 침팬지를 관찰하던 중 제인은 놀랄 만한 발견을 하게 된다. 침팬지들이 나뭇가지 사이의 구멍에 고여 있는 물을 마실 때에는 손가락으로 물을 적셔서 핥아 먹는 것이 보통이지만 그날 제인의 눈 앞에서 벌어진 광경은 이와는 근본적으로 다른 것이었다. 우선 침팬지들은 나뭇잎을 따서 입에 넣고 이빨로 씹어서 스폰지 같이 만들었다. 그러고 나서 그것을 물이 고인 구멍에 쑤셔 넣어 일단 물에 적신 다음 그것을 빼내어 물을 짜 먹는 방식을 반복하고 있었다. 이것은 침팬지가 물을 얻기 위해 나뭇잎으로 도구를 만들고 또 그 도구를 사용할 줄 안다는 사실을 분명히 말해 주고 있는 것이었다. 또한 인간만이 도구를 제작하고 사용할 줄 안다는 기존의 학설에 근본적인 수정을 요하는 중대한 발견이었다. 침팬지 새끼들은 이런 방식을 모른다는 점으로 미루어 이것은 시행착오를 통해 터득한 지식으로 새끼들도 어미에게 배우면서 터득하게 되는 하나의 생활 방식이었다.

 곰베에 캠프를 설치한 지 15개월이 지난 후에야 침팬지들이 놀고 있는 장소에서 10미터 정도의 거리까지 접근해서 관찰할 수 있었다. 그러면서 제인의 관찰 일지에는 침팬지의 생활에 대한 더 자세한 정보들이 착착 쌓이게 되었다. 2년이 지나면서는 몸을 숨기지 않고도 침팬지들에게 접근할 수 있었다. 그는 매일 12시간 정도를 산에서 보내면서 집요한 관찰을 계속했다. 침팬지를 직접 관찰하기 어려운 시간에는 틈틈히 침팬지들이 잘 먹는 열매를 따서 식성에 대한 탐구도 병행했다.

그러던 어느 날 침팬지가 제인의 캠프에 나타나는 행운이 찾아 왔다. 제인이 침팬지들과 가까워질 수 있는 절호의 기회였다. 이것이 계기가 되어 침팬지들은 캠프에 들락거리기 시작했다. 이제 그들은 사람을 무서워하지 않았고, 물건을 만지고, 더러는 이를 제지하는 사람들을 협박하기도 했다. 이런 광경을 보면서 제인은 기지를 발휘해서 정기적으로 침팬지들을 캠프로 끌어들여 관찰한다는 생각을 하게 되었다. 이렇게 해서 그는 침팬지의 행동에 관한 더 많은 정보를 얻어 낼 수 있었다. 제인에게 이것은 믿기지 않을 정도의 대성공이었다.

1964년쯤에는 침팬지와 제인 사이의 장벽이 거의 없어졌다. 제인은 침팬지들과 스스럼없이 놀았고, 때로는 침팬지들이 제인에게 함께 놀자고 졸라 대기도 했다. 침팬지 사회의 일원으로 받아들여지는 데 4년이 걸린 셈이다.

이즈음 제인은 침팬지가 제법 큰 동물을 사냥해서 먹이로 한다는 놀라운 사실을 접하게 된다. 또한 장마철이 시작될 무렵 침팬지들이 흰개미 사냥을 하는 모습은 제인을 흥분시키기에 충분했다. 기본적으로 초식 동물로 알려진 침팬지가 풀줄기나 나무의 잔가지를 뜯어내어 잎을 훑어 내고 그것을 흰개미집에 쑤셔 넣어 거기에 붙어 나오는 흰개미를 입으로 핥아 먹는 모습이 제인에게 포착된 것이다. 조잡하기는 하지만 도구를 제작하여 먹이를 얻는 데 사용하고 있음이 틀림없었다. 제인이 이 새로운 사실을 루이스 리키 박사에게 보고하자 그는 이것은 인간과 도구에 대한 재정의를 요하는 획기적인 사실로 전 세계에 널리 알려질 것이고 이제 침팬지도 인간으로 분류해야 할 것이라고 흥분을 감추지 못했다고 한다.

이 다큐멘터리는 제인 구달이 야생 침팬지에 대해 첫 5년 동안에 이룩한 성공적인 연구 성과를 영상으로 담은 것으로 그의 야생 침팬지 연구를 학계와 세상에 널리 알린 기념비적인 작품이다.

「야생의 침팬지」(1984)

제인 구달 박사는 어려서부터 야생 동물에 관심이 많았다. 그의 이런 관심은 자연스럽게 야생 상태에서 살고 있는 수많은 동물들을 관찰할 수 있는 아프리카로 그를 안내했고, 거기서 그는 인류학자이며 고생물학자로 인류의 기원을 찾는 작업의 최선두에 우뚝 서 있는 거장 루이스 리키 박사를 맞나 야생 침팬지 연구에의 길로 들어서게 된다.

당시 리키 박사는 야생 상태의 침팬지를 연구해 줄 사람을 찾고 있었다. 그는 영장류 중 인류와 신체적으로 가장 닮은 침팬지가 초기 인류의 등장에 관한 수수께끼를 풀 수 있는 열쇠를 제공해 줄 수 있을 것이라고 판단하였다. 우연한 기회에 친구를 찾아 아프리카까지 간 제인이 또다시 우연한 기회로 리키 박사에게 소개되었다. 제인은 폭넓은 독서로 동물의 세계에 관해서는 어느 누구에게도 뒤지지 않을 해박한 지식을 가지고 있었다. 제인의 이런 능력은 리키 박사를 매혹시키기에 충분했다. 이렇게 해서 리키 박사와 제인의 만남은 침팬지의 숨겨진 진실을 밝히는 일뿐만 아니라 더 나아가 초기 인류의 수수께끼를 풀어내는 데 귀중한 단서를 얻는 획기적인 학문적 성과의 첫 장을 열게 되었다. 리키 박사의 주선으로 제인은 1960년부터 아프리카 탕가니카 호수 근처의 곰베에서 야생 침팬지 연구를 할 수 있게 되었다.

침팬지를 찾아 나선 첫날부터 야생 동물들이 이 이방인 침입자를 주시하고 있음을 제인은 느낄 수 있었다. 처음에는 침입자로 간주되어서인지 좀처럼 침팬지를 가까이 할 수 없었다. 갖가지 시행착오를 거치면서 침팬지가 위협을 느끼지 않도록 유도하였고, 드디어 침팬지들이 제인의 존재에 점차 익숙해지게 되었다.

야생 상태의 침팬지 생활에 대한 관찰이 계속되면서 한 가지씩 숨겨진 진실들이 밝혀지기 시작했다. 제인은 침팬지들이 나무 위에 잠자리로 둥지를 틀 때 나뭇가지와 잎사귀를 잘 섞는다는 것을 알아냈고, 먹이를 채집하는 방식에 있어서는 학계를 깜짝 놀라게 할 만한 귀중한 발견을 했다. 즉 침팬지가 나뭇가지나 풀줄기를 흰개미집에 쑤셔 넣은 후 거기에 붙어 나오는 흰개미를 핥아 먹는 채집 방식을 능숙하게 구사한다는 점이다. 이 사실은 후에 그의 남편이 되었던 사진작가 휴고 반 라빅에 의해 다큐멘터리로 만들어져서 학계에 소개되면서 세계적인 관심을 불러일으켰다.

이후 제인의 연구 캠프에는 새로운 학문적인 성과가 착착 축적되었으며, 이제 우리는 침팬지의 생활에 대해서 더 많은 사실을 알게 되었다. 침팬지는 식물성 먹이를 주로 먹는 채식 동물로 하루 평균 7시간 정도의 시간을 먹이를 채집하는 데 소비한다. 수컷은 아기 키우기에는 거의 무관심하다 등등.

제인이 관찰한 침팬지의 생활양식 중 또 하나의 주목할 만한 사실은 드물기는 하지만 침팬지가 육식도 겸한다는 점이다. 즉 침팬지는 간혹 어린 비비나 작은 원숭이를 잡아먹기도 했다. 이것은 침팬지를 채식성 동물로 규정했던 종래의 학설에 또 하나의 근본적인 수정을 요구하였다.

제인은 각각의 침팬지들을 알아볼 수 있게 되자 개개의 침팬지들에게 이름을 붙여 주었다. 이와 함께 본격적으로 침팬지의 가족 생활을 기록하기 시작했다. 위계질서가 엄격해서 수컷은 간혹 공포를 자아낼 만큼 과장된 행동을 했고, 아예 새끼 때부터 이런 훈련을 쌓아 나갔다. 때로는 훌륭한 속임수까지 동원하면서 경쟁자를 물리치기도 했고, 상처를 입은 놈을 안심시키고 긴장을 풀어 주는 등 힘보다는 지혜를 발휘하는 생활양식도 보여 주었다.

제인이 야생의 침팬지 관찰에서 보인 인내력은 보통 사람들의 상상을 초월할 정도였다. 때로는 산봉우리에서 추위를 견디면서 밤을 새기도 했고, 비가 와도 아랑곳없이 침팬지를 찾아 나섰으며, 그 와중에도 수컷 침팬지들의 특징적인 비 춤을 관찰하면서 자세히 기록하기도 했다.

1966년에는 전염병이 돌아 수많은 침팬지가 희생되었다. 백신이 너무 늦게 도착해서 희생자가 더욱 많았다. 이때 죽은 새끼를 3일 동안 데리고 다닌 어미 침팬지를 통해 침팬지의 모성애가 얼마나 강한지를 엿볼 수 있었다. 침팬지의 평균 수명은 40~50년 정도이고 암컷은 다섯 살에서 여섯 살 정도 되면 새끼를 낳기 시작한다. 새끼들은 동생이 태어나도 계속 젖을 빨려고 하는 등 어미와 자식 사이의 관계가 비교적 오랫동안 지속된다는 점도 세대 간의 학습과 관련해서 시사하는 바가 크다.

1972년에 곰베의 침팬지들은 두 그룹으로 나뉘었고 대대적인 싸움이 일어났다. 수컷들의 집단 폭행을 포함한 이 사건은 침팬지가 얼마나 공격적일 수 있는지를 잘 보여 주는 것으로 제인은 해석한다. 심지어 공격이 극도에 달했을 때는 남의 새끼를 잡아먹기도 했다.

처음에 루이스 리키는 10년 정도는 연구해야 무언가 얻을 수 있을 것이라고 충고했지만 제인 자신은 3년 정도를 생각하면서 곰베에서의 야생 침팬지 연구를 시작했다고 한다. 1967년에는 사진작가 휴고 반 라빅과의 사이에서 아들을 얻었고, 그 아들도 침팬지와 함께 성장하였다. 제인의 침팬지 연구 시작부터 22년 동안을 기록한 이 「야생의 침팬지(Among the Wild Chimpanzees)」(1984)는 "아직도 연구는 끝나지 않았고 지금도 떠날 생각이 없다"는 제인의 탐구 정신을 시청자들에게 들려주면서 끝맺고 있다.

위의 두 다큐멘터리는 한국어로 번역된 첫 자서전인 이 책과 함께 제인 구달을 이해하는 데 큰 도움이 될 것으로 판단된다. 실제로 이 두 편의 비디오는 자서전에 담긴 내용을 보다 잘 이해하는 데 큰 도움이 될 만큼 연구 캠프의 상황과 책에서

거론된 침팬지들, 그리고 중요한 발견의 현장 장면들을 생생하게 보여 주고 있어, 제인 구달의 학문 세계를 전체적으로 이해하는 길잡이가 될 수 있다는 점에서 아주 다행이라고 생각된다. 비록 같은 현장을 서로 다른 시점에서 기록하고 있기에 약간의 중복 부분이 있지만 두 편 모두 제인 구달의 세계를 이해하는 데에는 큰 도움을 제공하고 있음에 틀림없다.

제인 구달은 기나긴 야생 침팬지 현장 연구에 대해 여러 권의 책을 썼다. 그중 대표적인 것으로 『인간의 그늘에서(*In the Shadow of Man*)』(1983), 『곰베의 침팬지들: 행동 유형(*The Chimpanzees of Gombe: Patterns of Behavior*)』(1986), 『창을 통해서: 곰베의 침팬지와 함께 보낸 30년(*Through a Window: Thirty Years with the Chimpanzees of Gombe*)』(1991), 『제인 구달의 아름다운 우정(*The Chimpanzee Family Book*)』(1991) 등이 있고, 그 외에도 무수히 많은 논문들이 다른 사람들의 편저나 논문집에 게재되어 있다.

이제 제인 구달의 관심은 야생 침팬지의 연구에만 머물지 않고, 야생 동물의 보호, 더 나아가서는 환경 교육 운동에까지 확대되고 있다. 이를 위해서 그는 세계의 구석구석을 다니면서 강연과 워크샵을 개최하는 등 동분서주하고 있다. 그의 말에 따르면 1년의 4개월은 곰베에서의 침팬지 관찰에, 4개월은 연구 결과를 마무리 짓고 원고를 쓰는 데, 그리고 4개월은 연구 및 환경 교육 운동 캠페인을 위한 모금 활동을 하며 보낸다고 한다.

제인 구달은 야생 동물 연구와 교육을 통한 지식의 공유, 그리고 지구상에서 생명을 유지해 줄 환경 보전에 기여할 목적으로 1977년에 '제인 구달 연구소(The Jane Goodall Institute)'를 설립하였다. 이 연구소는 현재 영국, 미국, 아프리카 탄자니아에서 활발한 활동을 전개하고 있다. 이 연구소의 인터넷 홈페이지(http://www.janegoodall.org)는 제인 구달의 활동과 관련된 많은 정보를 담고 있다. 또한 미국 로스엔젤레스에 위치한 남캘리포니아 대학교(University of Southern California)에는 1992년에 '제인 구달 연구 센터(The Jane Goodall Research Center)'가 설립되어 탄자니아의 곰베에 있는 침팬지를 대상으로 30여 년 동안에 걸쳐 수집한 자료를 총괄해서 보관하고 있다. 지금 이 대학의 인류학 연구실에 있는 하이퍼미디어 아카이브는 제인 구달 연구소에 있는 멀티미디어 시스템을 이용해서 곰베의 영장류를 대상으로 학생들이 가상 현실 연구를 할 수 있는 시스템을 개발하고 있다고 한다.

최근 제인 구달은 개정판에 새로이 추가된 바와 같이, "루츠와 슈츠" 프로그램의 국제적인 환경 교육 운동에 많은 힘을 집중하고 있다. 이 프로그램은 젊은이들로 하여금 자신과 다른 사람들뿐만 아니라 모든 생물을 귀중하게 여기며, 그들 자신이 이 지구와 어떤 관계를 맺고 있는지를 인식하게 하고, 결과적으로는 이 세계를 더 살기 좋은 곳으로 만드는 데 힘을 합쳐 나설 것을 강조한다. 이렇듯 제인 구달은 지금도 우리 인류의 미래가 젊은이들의 손에 달려 있다는 범세계적인 캠페인에 그의 마지막 정열을 불태우고 있다.

사진 저작권

이 책에 실린 사진들의 저작권은 저작권자와 협의를 마쳤거나 협의 중입니다. 이 사진들은 저작권법에 의해 한국 내에서 보호를 받는 저작물이므로 무단 전재와 무단 복제를 금합니다.

86쪽 Photograph by Hugo van Lawick, ⓒ National Geographic Society 98쪽 위 Photograph by Hugo van Lawick, ⓒ National Geographic Society 98쪽 아래 Photograph by Hugo van Lawick, ⓒ National Geographic Society 103쪽 Photograph by Hugo van Lawick, ⓒ National Geographic Society 115쪽 위 Photograph ⓒ Hugo van Lawick 115쪽 아래 Photograph ⓒ Hugo van Lawick 117쪽 Photograph ⓒ Hugo van Lawick 119쪽 Photograph ⓒ Hugo van Lawick 128쪽 Photograph by Hugo van Lawick, ⓒ National Geographic Society 131쪽 Photograph by Hugo van Lawick, ⓒ National Geographic Society 139쪽 위 Photograph by Bill Wallauer, ⓒ The Jane Goodall Institute 139쪽 아래 Photograph ⓒ Hugo van Lawick 140쪽 Photograph ⓒ The Jane Goodall Institute 147쪽 Photograph ⓒ Neil Jacobs 151쪽 위 Photograph by Hugo van Lawick, ⓒ National Geographic Society 151쪽 아래 Photograph by Hugo van Lawick, ⓒ National Geographic Society 173쪽 아래 Photograph ⓒ Steve Matthews 175쪽 위 Photograph ⓒ The Jane Goodall Institute 175쪽 아래 Photograph ⓒ Jennifer Crow 180쪽 Courtesy of People for the Ethical Treatment of Animals 201쪽 위 Photograph by Stephen Patch, ⓒ The Jane Goodall Institute 201쪽 아래 Photograph by Stephen Patch, ⓒ The Jane Goodall Institute

옮긴이 **박순영**

서울대학교에서 인류학을 전공하고 뉴욕 주립대학교에서 체질인류학으로 박사 학위를 취득하였다. 현재 서울대학교 인류학과 교수로 재직 중이다. 옮긴 책으로 『희망의 이유』가 있다.

제인 구달

1판 1쇄 펴냄 2005년 7월 29일
1판 23쇄 펴냄 2023년 6월 15일

지은이 제인 구달
옮긴이 박순영
펴낸이 박상준
펴낸곳 (주)사이언스북스

출판등록 1997. 3. 24.(제16-1444호)
(우)06027 서울특별시 강남구 도산대로1길 62
대표전화 515-2000, 팩시밀리 515-2007
편집부 517-4263, 팩시밀리 514-2329
www.sciencebooks.co.kr

한국어판 ⓒ (주)사이언스북스, 2005. Printed in Seoul, Korea.

ISBN 978-89-8371-169-4 03990